Typen kompass

Michael Schäfer

Aston Martin & Lagonda

Serienmodelle seit 1948

Motor buch Verlag

Einbandgestaltung: Luis dos Santos
Bildnachweis: Christopher Wallis (Seite 8), Steve Pevett (S. 12), Simon Powell (S. 15), Reza Fardshisheh (S. 16), W. A. Cakebread (S. 18), José Romão de Sousa (S. 23), Magnus Neergaard (S. 25), Dr. Bernd Fischer (S. 26 & 57), Bernard Damen (S. 31), CJ Gutch (S. 34), Justin Kennedy (S. 35 & 36), Don Rose (S. 44), Geoff Barnes (S. 53), Ingo Dörr (S. 54), Helmut Schnug (S. 55 & 84), James Edmonds (S. 60), Wolfgang Bauer (S. 61), Timothy Wright (S. 63), John Davey (†) (S. 64), Ian Kendall (S. 67), John Gardner (S. 68), Fergus McIver c/o Richard Stewart Williams Ltd. (S. 72), Julian Scott (S. 73), Christoph Dörrenbach (S. 82), Marc Fischer (S. 86), Tim Cottingham (S. 87), Gleb Stepanov (S. 91), Dennis C. Mynard (S. 96), Shaun Whitmore (S. 98), Steve J. Bennett (S. 99), Brad Shafer (S. 103), Tom Papadopoulos (S. 104), Martin Hidinger (S. 105), Tony Hall (S. 106), David Goward (S. 109), Augustine Kuo (S. 110), David A. Wright (S. 111 & 128), Frances Hickey (S. 112), Zoran Mitrovic (S. 118 & 120), Louis Klemantaski c/o Aston Martin Heritage Trust (S. 124), Peter J. Biggs (S. 126) und John L. Hopkins (S. 127). Alle sonstigen Aufnahmen stammen von Michael Schäfer – chilterngreen.de.

Herzlichen Dank an den Aston Martin Owners Club (AMOC), seinen Sektionen in Deutschland und der Schweiz, dem Aston Martin Heritage Trust (AMHT), Beat Roos, Simon Draper, sowie allen weiteren Unterstützern.

Gewidmet den ehemaligen Mitarbeiterinnen und Mitarbeitern der Aston Martin Lagonda Ltd. in Newport Pagnell (1954-2007). *You've made history!*

ISBN 978-3-613-02928-6

1. Auflage 2008

Sie finden uns im Internet unter www.motorbuch-verlag.de

Lektorat: Joachim Kuch
Innengestaltung: IPa, 71665 Vaihingen/Enz
Reproduktionen: digi Bild reinhardt, 73037 Göppingen
Druck und Bindung: Kessler Druck und Medien, 86399 Bobingen
Printed in Germany

Michael Schäfer
Typenkompass
Aston Martin & Lagonda
Serienmodelle seit 1948

Inhalt

EINLEITUNG

Im Mai 1914 nahm Lionel Martin, Mitbegründer des Singer-Vertragshändlers »Bamford & Martin Ltd.« in London, mit einem getunten und modifizierten Singer am »Aston-Hill-Climb«-Bergrennen in Aston Clinton teil und gewann. Dieser Erfolg war Auslöser für die Entscheidung, sich einer eigenen Fahrzeugentwicklung zu widmen, die höchste Qualität und ausgeprägte sportliche Eigenschaften besitzen sollte. Als Namen für diese Automobilmarke wurde eine Kombination aus dem Ort des bislang größten Rennerfolgs und dem Nachnamen Lionel Martins gewählt: Aston-Martin – damals noch mit Bindestrich, der Mitte der 30er Jahre aus der Bezeichnung gestrichen wurde. 1915 stellten Bamford & Martin in London den ersten Aston-Martin auf dessen Holzspeichenräder. Trotz der exzellenten Qualität der folgenden Serienmodelle hielten sich aufgrund der hohen Preise für die relativ kleinen Fahrzeuge die Verkäufe sehr in Grenzen. Die finanzielle Situation von Bamford & Martin wurde, auch wegen des extensiv betriebenen Rennsports, zunehmend kritisch, weshalb Robert Bamford aus der gemeinsamen Unternehmung »Aston-Martin« ausstieg. Neue Teilhaber kamen und gingen, konnten aber den Konkurs im November 1925 nicht verhindern. Lionel Martin musste gehen, während der verbliebene Hauptanteileigner John Benson die Hälfte von Bamford & Martin an die »Renwick & Bertelli Ltd.« verkaufte. 1926 wurde so aus den Ruinen von Bamford & Martin die »Aston Martin Motors Ltd.« gegründet, die anschließend nach Feltham umsiedelte. Wegen anhaltender Erfolglosigkeit zog sich Benson 1929 aus dem Unternehmen zurück, gefolgt von William Renwick, dessen finanzielle Mittel aufgebraucht waren. Schließlich traf auch noch die Weltwirtschaftskrise Aston Martin mit voller Härte und brachte die Marke 1932 an den Rand des Zusammenbruchs. Robert G. Sutherland, enthusiastischer Sohn eines wohlhabenden Schiffsmagnaten, überzeugte seinen Vater, Aston Martin zu übernehmen, was im Dezember 1933 auch gelang. Mit neuem Kapital wurde die Modellplatte gründlich überarbeitet und erweitert. Auch im kostspieligen Rennsport konnte das Werksteam Aston Martins beachtliche Erfolge für sich verzeichnen. Für eine bessere Marktposition sollte allerdings die Modellpalette stärker in Richtung komfortabler und geräumiger Limousinen gelenkt werden, weshalb der werkseitige Rennsport seine Priorität verlor und eingestellt wurde. Über diese Entscheidung zerstritten sich Sutherland und der rennsportbegeisterte Bertelli so sehr, dass letzterer Aston Martin schweren Herzen 1937 verließ. Sutherland führte die Geschäfte fortan alleine und musste mit erheblichen technischen Problemen der neuen Modellreihe kämpfen. Zusätzlich verdarben die ersten Anzeichen einer militärischen Auseinandersetzung mit Deutschland die Kauflust der Briten. Zu Gunsten von gewinnträchtigen Arbeiten für die Luftwaffe, entschied Sutherland die Einstellung der Fahrzeugproduktion. Nach Kriegsende ging es Aston Martin finanziell erstaunlich gut, für die komplette Neuentwicklung einer wettbewerbsfähigen Fahrzeuggeneration reichte die Kapitaldecke allerdings nicht aus. Dies führte 1946 zu Sutherlands Entscheidung, Aston Martin per Zeitungsannonce zum Verkauf anzubieten. Im Februar 1947 wurde die Übergabe Aston Martins an den Großindustriellen und begeisterten Automobilisten David Brown besiegelt. Noch im gleichen Jahr kaufte Brown zudem die in Konkurs geratene Marke Lagonda, um die Technologien beider Unternehmen im Laufe der kommenden Jahre zusammenzuführen. Im Winter 1954 beendete David Brown die unsichere Situation der Karosseriefertigung durch eine Fremdfirma mit der Übernahme der »Tickford Coachbuilders Ltd.« in Newport Pagnell. Anschließend brachte er die komplette Fahrzeugmontage der Serienmodelle in den Tickford-Werkshallen zusammen. David Brown war es auch, der aufgrund seiner Leidenschaft für den Motorsport ein neues Werksteam aufbaute, dessen größter Triumph der Doppelsieg bei den 24 Stunden von Le Mans 1959 und – damit verbunden, als erste britische Automobilmarke, – der Gewinn der Sportwagen-Weltmeisterschaft im selben Jahr war. Die alten Aston-Martin-Werkshallen in Feltham bei London wurden mit Rückzug des Werksteams aus dem Rennsport 1963 endgültig aufgegeben. Seit dieser Zeit residierte Aston Martin nur noch in Newport Pagnell. Die goldene Ära David Browns endete, als sein weltumspannender Konzern 1972 selbst unter großen wirtschaftlichen Druck geriet. Man trennte sich von allen defizitären Töchtern, worunter auch die »Aston Martin Lagonda Ltd.« gehörte, die innerhalb der David-Brown-Unternehmensgruppe nur in einem einzigen Jahr einen kleinen Gewinn verbuchen konnte. Für die symbolische Summe von 100 Pfund übernahm (als einziger Interessent) eine Investorengruppe die schwer angeschlagene Firma. Neben dem fehlenden Geschick, die Marke wieder wettbewerbsfähig zu machen, kam die weltweite Energiekrise. So musste Aston Martin bereits am 31.12.1974 (wieder einmal) Konkurs anmelden, was die Angestellten während ihres Frühstücks nebenbei aus den Morgennachrichten erfuhren. Nach Monaten des Produktionsstillstandes formierte sich ein anglo-kanadisch-amerikanisches Konsortium aus Geschäftsleuten und Enthusiasten, die Aston Martin kurz vor der völligen Liquidation retteten. Über die von vielen Höhen und Tiefen geprägten Jahre hinweg, gingen alte und kamen neue Teilhaber, darunter auch der dynamische »Tankstellenkönig« Victor Gauntlett. Neben der Übernahme der Geschäftsführung sorgte er für frisches Kapital für notwendige Modifikationen und Weiterentwicklung der bestehenden Modellpalette. Die komplette Neuentwicklungen eines Sportwagens für die 90er Jahr war zwar dringend nötig, aber nicht zu finanzieren. Das ewige Problem der zu dünnen Kapitaldecke löste sich erst 1987, als der US-Autogigant Ford 75 % an Aston Martin übernahm. Gleichzeitig sorgte Ford dafür, dass Aston Martin Zugang zu Entwicklungstechnologien erhielt, die für ein von Grund auf neu konzipiertes Modell notwendig waren. Ab 1994 war Ford alleiniger Anteilseigner von Aston Martin, bis auch für den US-Hersteller das Klima auf dem Weltmarkt rauer wurde und die Bilanz immer gewaltigere Verluste auswies. Ganz im Gegensatz zur Sportwagentochter Aston Martin, die sich zunehmend als profitables Unternehmen erwies. 2003 wurde für die künftigen Modellgenerationen der Briten sogar ein komplett neues Werk bei Gaydon aus dem Boden gestampft und 2004 die Rückkehr in den Motorsport gefeiert. Im März 2007 kam Ford mit einem anglo-kuwaitischen Investorenkonsortium überein, Aston Martin für fast eine Milliarde US-Dollar zu veräußern, wobei Ford weiterhin einen kleinen Anteil halten wird. Ein trauriges Ende nach über 180-jähriger Karosseriebautradition fand im Sommer 2007 das alte Stammwerk in Newport Pagnell, als es nach dem Auslaufen der Vanquish-Produktion geschlossen und für ein Neubaugebiet abgerissen wurde. Der Verbleib des ebenfalls in Newport Pagnell ansässigen »WorksService« Aston Martins, der sich seit vielen Jahrzehnten um Wartung, Reparaturen, Restauration, Modifikationen und Umbauten von Kundenfahrzeugen kümmerte, soll angeblich außer Frage stehen. Aston Martins neue Anteilseigner zeigen deutlich, wohin die Reise geht: Strikt nach vorne, die Vergangenheit weit hinter sich lassend.

Aston Martin Prototypen

Aston Martin 2-litre-Reihe 1948 bis 1950
Basierend auf dem neuentwickelten Chassis des »Atom«-Prototypen, verlängerte man den Radstand, überarbeitete das Fahrwerk und schuf daraus den Aston Martin 2-litre-Sports. Als Teil der Entwicklungsarbeit gedacht, nahm im Jahre 1948 der Prototyp des 2-litre-Sports, den man mit einem provisorischen Aufbau versehen hatte, an den »24 Stunden von Spa« teil. Zur Überraschung aller bewies der Prototyp seine Standfestigkeit und Zuverlässigkeit, als er auf dem ersten Platz liegend über die Ziellinie preschte. Eine Serienfertigung des auf dem Prototypen basierenden Spa Replica kam mangels Nachfrage nicht zustande. Es folgte der mit vielen Rundungen in seiner Aluminiumkarosserie versehene 2-litre-Sports. Die Weltpremiere des neuen Aston Martin fand 1948 statt und wurde kaum beachtet, da die Öffentlichkeit nur Augen für Jaguars jüngsten Spross, den inzwischen legendären XK120, hatte. Außerdem gab es da auch noch einen enormen Preisunterschied zugunsten des XK120, für den Jaguar rund 1000 Pfund verlangte, während Aston Martin mehr als das Doppelte für den 2-litre-Sports forderte. Es war daher nur wenig verwunderlich, dass bis Mai 1950 lediglich 15 Exemplare des 2-litre-Sports angefertigt wurden.

Aston Martin DB2-Reihe 1950 bis 1959
Für den Nachfolger des erfolglosen 2-litre-Sports wurde dessen Chassis überarbeitet, verstärkt und um 23 cm gekürzt. Durch die Übernahme von Lagonda in den David-Brown-Konzern konnte man nun auch auf eine standesgemäße Motorisierung in Form eines Reihen-Sechszylinders zurückgreifen. Nach Einstellung des 2-litre-Sports wurde letzte Hand am neuen »2.6-litre-Saloon« angelegt, der bei seinem offiziellen Erscheinen 1950 als DB2 vorgestellt wurde. Für die Freunde des offenen Fahrens bot man gleich zu Serienstart eine Drophead-Version an. Die noch bei den Prototypen vorhandenen vier Lüftungsschlitze hinter den vorderen Radkästen wichen jeweils einem etwas auftragenden, verchromten Gitter. Später wurde aus dem dreiteiligen Kühlergrill ein einteiliger, dessen Design mit den beiden »Aston-Falten« bis heute in abgeleiteter Form verwendet wird. Sobald es die Versorgung mit besserer Kraftstoffqualität erlaubte, schob Aston Martin im Frühsommer 1950 dem Serien-DB2 eine stärkere Version nach, genannt Vantage (engl. für

»der Vorteil«). Der 1953 nachfolgende DB2/4 ist das Ergebnis von Kundenwünschen, die eine Aufstockung der verfügbaren Sitzplätze erbaten. Um weiteren Passagieren Platz zu schaffen, wurde das Heckteil des Chassis verlängert, um dort die zusätzlichen Notsitze zu installieren. Im Oktober 1955 kam der um die Bezeichnung »Mark II« ergänzte Nachfolger des DB2/4 auf den Markt. Dem Saloon und der Cabriolet-Version stellte man eine Stufenheck-Limousine (»Fixedhead Coupé« – ebenfalls zweitürig) zur Seite, von der allerdings nur 34 Exemplare geordert wurden. Im Oktober 1956 kündigte Aston Martin ein auf dem DB2/4 Mark II basierendes, spezielles Export-Modell an, welches man von der italienischen Karosseriebaufirma Touring einkleiden ließ. Der offene Zweisitzer mit Aluminium-Karosserie wurde in der von Touring patentierten »Superleggera«-Technik (Superleggera: ital. für »extra leicht«) aufgebaut. Im März 1957 folgte dem Mark II der DB2/4-Mark III, oder kurz DB Mark III nach. Für ihn glättete man die Ecken und Kanten des Mark II, befreite ihn von dessem üppigen Chromzierrat und ließ die Karosserie, speziell im Bereich der Frontpartie, runder und weicher erscheinen – ganz in Anlehnung an die erfolgreichen DB3S-Werksrennwagen.

Aston Martin DB3 & DB3S 1951 bis 1956

Da man bei Aston Martin zur Einsicht kam, dass ohne ein speziell für den Renneinsatz konstruiertes Modell im Motorsport keine Lorbeeren zu erringen waren, wurde im September 1951 der DB3 (nicht mit dem Mark III zu verwechseln) fertiggestellt. Entwickelt wurde er in Gitterrohrrahmen-Technik auf einem trapezförmigen Rahmen aus fast armdicken Chrom-Molybdän-Rohren. Neu war die De-Dion-Hinterachse, die durch ihre Kreuzung aus Starrachse und Einzelradaufhängung das ungefederte Gewicht deutlich verringerte, für bestmögliche Radführung und bessere Federungseigenschaften sorgte. Leider hatte der DB3 einen Geburtsfehler – er war von Beginn an zu schwer, weshalb die Rennerfolge nur spärlich gesät waren. Damit war nach nur 10 gebauten Exemplaren, von denen lediglich fünf überhaupt im Werksteam eingesetzt wurden, das Ende des DB3 eingeläutet. Und das, obwohl zu Beginn einmal 25 Stück geplant waren. Die restlichen fünf DB3 wurden offiziell als Produktionsfahrzeuge an Privatpersonen verkauft. Der nachfolgende und weitaus erfolgreichere DB3S hingegen fiel schmaler, kürzer und durch seine Rahmenkonstruktion aus dünneren Rohren deutlich leichter als sein Vorgänger aus. Das Fahrwerk wurde in weiten Teilen vom DB3 übernommen. Der DB3S wurde – als stark abgerüstetes Serienmodell – ebenfalls regulär zum Kauf angeboten.

Aston Martin DB4-, DB5- und DB6-Reihe 1958 bis 1970

Ursprünglich sollte der Motorblock des neuen 3.7-litre Sechszylinder aus Grauguss gefertigt werden. Doch entweder hatten die angefragten Gießereien keine freien Kapazitäten oder der Auftragsumfang für die Motorblöcke wurde als zu gering empfunden. Einzig eine Aluminiumgießerei zeigte Interesse. Da Aston Martin den DB4 innerhalb des vorgegebenen, engen Zeitrahmens entwickelt haben wollte, konstruierte man den Motor von Grauguss auf Vollaluminium um. Wegen des verwendeten Leichtmetalls wog der neue Sechszylinder anschließend rund ein Drittel weniger als sein Vorgänger im DB Mark III. Da der Entwurf des hauseigenen Designers für die DB4-Karosseriegestaltung bei der Geschäftsleitung durchfiel, wurde Touring in Mailand nach deren Vorschlägen befragt, was wohl auch unter dem noch frischen Eindruck des von Touring gefertigten Superleggera Spyder auf Basis des DB2/4-Mark-II-Chassis geschah. Tourings Entwurf gefiel und Aston Martin beauftrage die Italiener mit der Entwicklung des DB4-Karosseriedesigns. Zuvor musste aber der neue, schon fertige Kastenrahmen auf einen Plattformrahmen umkonstruieren, da Touring das Superleggera-Prinzip nur auf dieser Chassisart anwenden konnte. Nach den massiven

Problemen mit der Motoren-Standfestigkeit der ersten DB4, modifizierte Aston Martin seinen Motor im Bereich der Ölversorgung, der Hauptlager und der Toleranzen zwischen Kolben und Zylinderwänden, woraus der DB4 der 2. Serie entstand (bis zu seiner Produktionseinstellung 1963 sollte der DB4 noch in mehr als 170 Punkten geändert werden). Die Unterteilung des DB4 (wie auch die späteren V8-Modelle) in Serien wurde vom Aston-Martin-Owners-Club zur besseren Unterscheidung der verschiedenen Evolutionsstufen eingeführt und ist mittlerweile allgemein anerkannt. Die Einzelheiten zu den verschiedenen Serien finden sich in den Modellportraits. Der auf einem verkürzten DB4-Chassis entwickelte DB4GT war für den motorsportlichen Einsatz seiner Besitzer gedacht. Auf seiner Basis entstand auch der legendäre DB4GT Zagato. (1987 wurden – mit dem Segen Aston Martins – vier offizielle Zagato-Repliken angefertigt, »Sanction II« genannt. 1992 schlossen sich zwei »Sanction III« Repliken an).

Der 1963 vorgestellte DB5 war technisch gesehen ein überarbeiteter DB4 Vantage der 5. Serie. Erstmals wies ein Emblem auf dem Fahrzeug auf die Modellbezeichnung hin. Die einschneidenste Neuerung war jedoch der auf 4 Liter aufgebohrte Sechszylinder, der aus dem glücklosen Lagonda Rapide übernommen wurde. Durch seinen Einsatz als Dienstwagen mit kreativer Sonderausstattung in »James Bond 007 – Goldfinger« 1964 wurde der DB5 das berühmteste Filmauto der Welt und Aston Martin bekannter als durch den Doppelsieg in Le Mans und den Gewinn der Sportwagen-Weltmeisterschaft 1959. Auf die Vorgabe »Vollwertiger Viersitzer« legte man bei der Entwicklung des 1965 erschienenen DB6 besonderes Augenmerk. Durch den verlängerten Radstand, die modifizierte Hinterachsaufhängung und das erhöhte Dach wurden die Mitfahrer auf den Rücksitzen des DB6 mit mehr Platz verwöhnt. Allerdings stellte man durch die geänderte Dachlinie im Windkanal erhebliche Verwirbelungen hinter dem Fahrzeug fest, die für Instabilität bei Höchstgeschwindigkeit gesorgt hätten. Aerodynamische Abhilfe schaffte das markante Kamm-Heck. Merkwürdigerweise gab es kein DB6 Convertible sondern eine als »Volante« bezeichnete DHC-Version des DB6, die 1966 lieferbar wurde. Als erstes Fahrzeug überhaupt war für den überarbeiteten DB6 Mk.2 gegen Aufpreis ab 1969 die elektronische AE-Brico Benzineinspritzung lieferbar.

Aston Martin DBS, DBS Vantage & AM Vantage 1967 bis 1973

Mit dem DBS begann alleine schon stilistisch ein neues Zeitalter bei Aston Martin. In Anlehnung an die großen italienischen und amerikanischen »Fastback«-GTs wurde die äußere Erscheinung des DBS entworfen. Zeit- und Kostendruck sorgten lediglich für eine Weiterentwicklung des DB6-Chassis für den DBS. Wenigstens erhielt er die schon lange projektierte De-Dion-Hinterachse. Als Antrieb war der neue Achtzylinder Aston Martins vorgesehen, dessen Serienreife sich jedoch immer wieder hinauszögerte, bis man sich gezwungenermaßen für die Weiterverwendung des Sechszylinders entschloss. Weil dieser nie für den DBS angedacht war, war er wegen seines höheren Gewichts langsamer als sein Vorgänger. Im April 1972 wurde die angejahrte DBS-Karosserie mit Retuschen aus dem Windkanal versehen, um den Auftrieb an der Vorderachse weiter zu senken. Mit diesen Änderungen wirkte der V8 moderner und besaß mehr Spannung in der Karosserie.

Aston Martin DBS V8 & V8 Saloon 1969 bis 1989

Im Sommer 1969 war der Achtzylinder endlich produktionsreif. Einziges Unterscheidungsmerkmal zum DBS waren, neben dem Typenschild und der Frontschürze für den notwendigen Abtrieb, die Leichtmetall-Felgen, die erstmals die sonst üblichen Speichenräder ersetzten. Notwendig war dies geworden, weil die Speichenräder der Leistung des Achtzylinders nicht mehr gewachsen waren. Die neuen Felgen besaßen ein spezielles Design, welches bei Rotation der Räder kühlende Luft auf und in die (rundum) innenbelüfteten Bremsscheiben leitete. Außerdem waren die modernen Aluminium-Räder erforderlich, um die Hochgeschwindigkeitsreifen von Pirelli aufzunehmen. Wie der DBS (der nach dem Verkauf Aston Martins an die Company Developments zum AM Vantage wurde) unterzog man 1972 auch den DBS V8 einem Facelift. Dieses Grunddesign behielten alle V8-Modelle bis zu deren Produktionseinstellung im Jahre 1989 bei.

Aston Martin V8-Vantage-Reihe 1978 bis 1989

Da der V8 seit seiner Einführung recht zivilisiert seinen Dienst in den V8-Modellen verrichtete,

kam natürlich irgendwann die Frage auf, ob es nicht interessant wäre, den Achtzylinder aufzurüsten, diesen in einen V8 Saloon einzubauen und den Namenszusatz Vantage zu reaktivieren, der diesmal auch wirklich nur dem leistungsstärksten Aston-Modell vorbehalten sein sollte. Es entstand der in Sachen Beschleunigung schnellste Seriensportwagen der Welt, der außerdem vier vollwertige Sitzplätze aufwies. Kurios mutete es dabei an, dass der gedrungene Vantage durch seine Karosseriemodifikationen einen besseren Luftwiderstandsbeiwert erzielte, als beispielsweise der Porsche 911 3.3 Turbo! Der Vantage-Schriftzug am Heck wurde übrigens immer auf der Seite montiert, auf welcher sich auch das Lenkrad befand.

Aston Martin V8-Volante-Reihe 1978 bis 1989

Nach Einstellung des DB6 Mk.2 Volante im Jahre 1970 wurde der Ruf der Kunden (und des US-Importeurs) nach einem neuen Aston Martin Convertible immer lauter. Er blieb nicht ungehört: Im Juni 1978 war der Prototyp des neuen, auf dem verstärkten Chassis des V8 Saloon basierenden V8 Volante fahrbereit. Im Anschluss orderte der US-Importeur die gesamte Jahresproduktion 1978. Das Sahnehäubchen der Volante-Reihe war schließlich der 1986 präsentierte Vantage Volante, der vom Achtzylinder des Vantage angetrieben und mit äußerst maskulinen Karosseriemodifikationen versehen wurde. Auf Kundenwunsch konnte der Vantage Volante allerdings auch ohne bulliges Spoilerwerk erworben werden.

Aston Martin V8 Vantage Zagato & V8 Volante Zagato 1986 bis 1988

Beide, Aston Martin und Zagato, suchten Mitte der 80er Jahre nach einem neuen Modell, um wieder ins Rampenlicht der Öffentlichkeit zu fahren. So einigten sich beide Unternehmen auf einen strikt limitierten Hochleistungs-Sportwagen, genannt V8 Vantage Zagato. Wie beim DB4GT Zagato, schickte Aston Martin die im Heckbereich verkürzte Vantage-Chassis nach Mailand, damit Zagato die Karosserie entwarf und sie nach alter Tradition in reiner Handarbeit aus Aluminium fertigte. Noch bevor die Produktion anlief, war sie durch die kaufluststeigernde Limitierung auf 50 Exemplare binnen kurzer Zeit ausverkauft. Es war wohl die Verlockung eines Umsatzplus, dass Aston Martin mit dem V8 Volante Zagato zum einen ein weiteres limitiertes »Exklusivmodell« mit den Italienern verabredete, und zum anderen dessen Stückzahl noch vor Produktionsstart von ursprünglich 25 auf 35 Exemplare »korrigierte«. Der V8 Volante Zagato war als offene Variante des V8 Vantage

Zagato gedacht, erhielt allerdings den gemäßigten Motor des V8 Saloon.

Aston Martin Virage-Reihe 1989 bis 1995

Der Virage sollte der erste völlig neu entwickelte Aston Martin seit dem DBS 1967 werden, mit dem die mittlerweile antiquierte V8-Reihe auf Basis des DBS-V8 endlich abgelöst werden konnte. Zwar half der neue Hauptanteilseigner Ford seiner englischen Tochter bei der Entwicklung, dennoch verwendete man als Basis das überarbeitete Chassis des V8 Lagonda (Serie 3). Bei den ersten Skizzen für den Virage waren die Aston-typischen Lüftungsschlitze hinter den vorderen Radläufen noch vorhanden, beim späteren Serienmodell aber nicht mehr zu finden. Angeblich weil sie ohnehin keinen Zweck erfüllten und als reine Dekoration zu teuer anzufertigen waren (kurz vor Produktionsende des Virage wurden sie dann aber doch wieder eingeführt). Gewisse Ähnlichkeiten des Virage mit Fahrzeugen aus dem Volkswagen-Konzern dürften an dessen Designern gelegen haben, die beide auch für Audi und VW entworfen hatten. Um den betagten Achtzylinder bezüglich seiner Abgaswerte zu modernisieren, wurde er grundlegend überarbeitet und mit einem Vierventil-Zylinderkopf ausgerüstet. Basierend auf dem Virage gab es erneut einen Shooting Brake und – zum Ende der Virage-Produktion – ein »Limited-Edition-Coupé« in Kleinstserie.

Aston Martin Volante & V8 Volante (LWB) 1991 bis 1999

Schon bei der Entwicklung des Virage wurde auch an einen neuen Volante gedacht, der schließlich 1991 offiziell präsentiert wurde. Mit ihm führte Aston Martin auch wieder die schmerzlich vermissten Entlüftungsschlitze in den Kotflügeln ein. 1997 wurde der Volante nicht nur dem V8 Coupé optisch angepasst, er wurde auch für zwei vollwertige Sitzplätze im Fond verlängert. Der mächtige V8 Volante LWB (Long-Wheel-Base) war das erste Serienfahrzeug Aston Martins, dessen Leergewicht über 2 Tonnen betrug.

Aston Martin Vantage-Reihe 1993 bis 2000

Der neue Vantage machte mit seinem Doppelkompressor-V8 seinem Namen als leistungsstärkstes Modell alle Ehre. Für ihn wurde das Fahrwerk des Virage tiefgreifend überarbeitet, um dem enormen Drehmoment des V8 Herr zu werden. Auch die Karosserie, von der nur noch wenige Teile vom Virage übernommen wurden, erhielt ein aggressiveres Auftreten. Als schließlich das Finale der V8-Reihe Ende der Neunziger nahte, schuf Aston Martin als Abgesang auf

die großen Achtzylinder aus Newport Pagnell 1999 den auf 40 Exemplare limitierten V8 Vantage Le Mans, in Erinnerung an den Doppelsieg von Aston Martin in Le Mans vierzig Jahre zuvor, und (fast alle) in der Lackierung (»Aston Martin Racing Green«) der damaligen Rennwagen. Die wirklich letzten V8-Fahrzeuge aus der Tickford Street waren allerdings neun Exemplare der Vantage Volante Special Edition – der Convertible-Version des Vantage, die auf besonders drängenden Kundenwunsch entstand. Am 20.10.2000 wurde mit dem letzten V8 Vantage Volante Special Edition gleichzeitig das letzte nach alter Karosseriebaumethode hergestellte Fahrzeug Aston Martins ausgeliefert.

Aston Martin V8 Coupé 1996 bis 1999
Da dem Vantage besondere Aufmerksamkeit entgegengebracht wurde und der Virage im direkten Vergleich zu seinem stärkeren Bruder mittlerweile recht antiquiert erschien, entschloss sich Aston Martin für die Produktionseinstellung des Virage und für einen Nachfolger auf Basis des Vantage. Mit einer etwas dezenteren Karosserie und dem Achtzylinder ohne Kompressoren debütierte so das V8 Coupé, welches preislich zwischen dem Einsteigermodell DB7 und dem Spitzenmodell Vantage positioniert wurde.

Aston Martin Vanquish-Reihe 2001 bis 2007
Die enthusiastischen Reaktionen auf die Studie »Project Vantage« sorgten nach dessen Präsentation im Januar 1998 für die Einführung des V12 bei Aston Martin und für die Entwicklung einer martialisch anmutenden Schönheit namens »Vanquish«, zu Deutsch etwa »der Bezwinger/der Sieger«. Da dem Vanquish als Nachfolger für den V8-Vantage eine neue Bauweise zugrunde lag, wurde die Produktion in Newport Pagnell für 5 Millionen Pfund komplett modernisiert. Anschließend wurde mehr genietet und geklebt, als gehämmert und geschweißt, wie es bei den V8-Modellen üblich war. Als Antrieb wurde der V12 aus dem DB7 Vantage verwendet, der für den Vanquish und seine angestrebten 300 km/h Höchstgeschwindigkeit leistungsgesteigert wurde. Weltweit medial bekannt wurde der Vanquish als vom MI6 erwähltes Dienstfahrzeug für 007 in »Stirb an einem anderen Tag« (2001). Neben diversen zeitgemäßen Waffensystemen war der Vanquish sogar mit einer elektronischen »Tarnkappe« ausgerüstet. Bonds Waffenmeister Q nannte ihn deswegen nicht Vanquish sondern »Vanish« (engl. für »verschwinden«). Als eine Art Vantage-Version des Vanquish debütierte 2004 der Vanquish S – Astons bis dato schnellster Seriensportwagen. Um mit seiner enormen Kraftentfaltung kontrolliert umgehen zu können, bot Aston Martin sogar ein Fahrertraining an, welches im Kaufpreis bereits enthalten war. Der 2007 vorgestellt und auf 50 Exemplare limitierte Vanquish S Ultimate Edition bedeutete schließlich das Ende: Für die Produktion des Vanquish und für das Aston-Werk in Newport Pagnell. Nach 180 Jahren, am 19. Juli 2007, folgte mit der Fertigung des letzten Vanquish die Werksschließung und damit der Abschluss eines bunten Kapitels britischer Karosserie- und Automobiltradition, das mit der Gründung »Salmons & Sons« und der Fertigung von Kutschen an gleicher Stelle 1820 begann.

Aston Martin DB7-Reihe & DB7 Volante 1994 bis 1999
Entstanden aus einem von der Ford-Tochter Jaguar als zu teuer und zu aufwendig bewerteten Sportwagenprojekt, welches einst den XJS hätte ersetzen sollen, kam der DB7 1994 in Fahrt – Aston Martins erster komplett unter Ford entwickelter Sportwagen für größere Stückzahlen und leichter zu erzielende Erlöse. Nicht nur das Chassis, auch der Sechszylinder stammte von Jaguar. Um erneut und diesmal nachhaltiger auf dem US-Markt Fuß zu fassen, folgte 1996 der offene DB7 Volante. 1999 wurde die Zylinderzahl des DB7 verdoppelt und eine V12-Motorentwicklung von Ford und Cosworth installiert, woraus der DB7 Vantage

entstand – geschlossen und als offener Volante. Basierend auf dem DB7 setzte Aston Martin die Politik der exklusiven Sondermodelle fort. In Zusammenarbeit mit Zagato entstanden so zwei limitierte Sammlerstücke: Der DB7 Zagato in Coupéform (2002) und der speziell für den US-Markt geöffnete DB American Roadster 1 (2003). Mit dem leistungsstärkeren V12 des DB7 Zagato konnte man ab 2002 mit dem DB7 GT das fahragilste Modell der DB7-Reihe erwerben.

Aston Martin DB9-Reihe ab 2003

Um bei der künftigen Modellgestaltung flexibler zu sein, wurde mit dem DB7-Nachfolger DB9 eine neue Plattform-Technologie entwickelt, genannt VH (Vertikal/Horizontal). Dieser hochfeste, aber sehr leichte VH-Rahmen aus verklebten und extrudierten Aluminiumteilen war zum einen in seinen Abmessungen variabel (vertikale Fertigung) und erlaubte zum anderen die universelle Aufnahme von diversen Bauteilen und Aggregaten aus dem Ford-Mutterkonzern (horizontale Fertigung). Somit wären in kürzester Zeit sehr kostengünstige Modellwechsel und spezielle Kleinserien ohne exorbitanten Entwicklungsaufwand möglich. Obwohl man bei dem – verglichen mit früheren Modellen Aston Martins – enormen Produktionsausstoß des DB9 in seiner brandneuen und hochmodernen Fertigungsstätte in Gaydon an Fließbandarbeit denken könnte, wurden dennoch pro Fahrzeug über 200 Stunden für die Montage benötigt. Und auch der Lack wurde ebenfalls noch immer per Hand aufgetragen. Die Bezeichnung »DB8« wurde im Übrigen bewusst übersprungen, um den technologischen Vorsprung zwischen dem DB7 und DB9 zu verdeutlichen. Erwartungsgemäß ging kurze Zeit nach dem Debüt des Coupés auch ein Volante in die Produktion.

Aston Martin V8-Vantage-Reihe ab 2005

Als neues Einsteigermodell für jüngeres Publikum auf der variablen VH-Plattform entwickelt, präsentierte Aston Martin 2005 den V8 Vantage. Wie bei seinem Vorgänger, dem Sechszylinder-DB7, half auch hier Jaguar bei der Zurverfügungstellung des Antriebs: Der im Jaguar XK8 eingeführte V8 wurde für den kleinsten Aston Martin weiter überarbeitet und modifiziert. Bei einem 24-Stunden-Langstreckenrennen auf dem Nürburgring im Juni 2006 nahm Aston Martin mit einem dafür präparierten V8 Vantage teil. Zwar hielt der Wagen die Strapazen durch, kam aber nur auf den undankbaren vierten Platz seiner Klasse. Anschließend reifte jedoch die Idee, eine für den Renneinsatz modifizierte Kleinserie des V8 Vantage für engagierte Privatrennfahrer aufzulegen. Es entstand der »N24«, benannt nach seinem ersten Rennen auf dem Nürbur-

gring. Ebenfalls 2006 stellte Aston Martin den V8 Vantage Roadster vor. Da er nur zwei Sitzplätze aufwies, durfte er kein Volante sein.

Aston Martin DBS ab 2007

Sein kurzer und selbstzerstörender Auftritt in »James Bond 007 – Casino Royale« (2006) sorgte nicht nur für einen Eintrag ins Guinness-Buch der Rekorde (»Die – mit sieben – meisten Überschläge mit einem Fahrzeug«), sondern auch für die Frage, ob dieser als »DBS« bezeichnete Aston Martin in Serie gehen würde. Er tat dies ab Frühjahr 2008. Versehen mit Antriebstechnik aus Aston Martins Engagement im Motorsport, kam dem auf dem DB9 basierenden DBS die Bezeichnung »Rennwagen mit Straßenzulassung« am nächsten. Die reichliche Verwendung von Kohlefaser bei der Fertigung der martialisch anmutenden Karosserie sorgte für Gewichtseinsparung. Und falls es Mr. Bond beim nächsten Abenteuer nach einem Convertible verlangt: Die ersten Prototypen des DBS Volante befinden sich bereits in der Erprobung.

Lagonda 2.6-litre & 3-litre 1947 bis 1958

Bereits Ende 1945 gingen die ersten Prototypen eines neuen, kleineren Lagonda, die einen vom V12 abgeleiteten Sechszylinder (LB6) mit 2,6 Litern Hubraum in sich trugen, auf Testfahrt. Lagonda war aber schon damals finanziell wieder ziemlich angeschlagen. Durch die neuen Modelle hoffte man auf eine Entspannung der Situation, doch dies scheiterte, da nach 1945 Rohstoffe noch immer rationiert wurden und das zuständige Ministerium Lagonda nur Stahl für maximal 100 Fahrzeuge bewilligte. Im März 1947 ging Lagonda abermals in Konkurs, um im Folgejahr vom David-Brown-Konzern, zu dem mittlerweile auch Aston Martin gehörte, übernommen zu werden – in erster Linie wegen des 2,6 Liter Lagonda-Sechszylinders, den David Brown auch im Aston Martin DB2 einsetzen wollte. Anfang 1949 startete die Produktion des Lagonda 2.6-litre, der bei Kunden und Fachpresse großen Anklang fand. 1953 wurde er durch den größeren und stärkeren Lagonda 3-litre ersetzt. Dessen Produktion in Newport Pagnell wurde 1958 eingestellt, um Kapazitäten für den neuen Aston Martin DB4 zu schaffen.

Aston Martin Lagonda Rapide 1961 bis 1964

Er hätte ein großer Wurf werden sollen, leider wurde er trotz seiner unbestrittenen Qualitäten Aston Martins größter Flop der Firmengeschichte. Trotz aller Bedenken seines Managements setzte David Brown die Entwicklung des Rapide als Gegenspieler für Rolls-Royce und Jaguar durch. Ausgerechnet auf dem von Kinderkrankheiten geschüttelten DB4 basierend, mit einer für eine Luxuslimousine nicht ausgereiften De-Dion-Hinterachse und einer zu extravaganten Front versehen, kam ein Exot auf den Markt, der nie richtig Fuß fassen konnte. Immense Fertigungskosten, verlustreiche Kapazitätsprobleme und permanente (leider ergebnislose) Ursa-

chenforschung an der vibrierenden Hinterachse sorgten nach drei Jahren und nur 55 Exemplaren für das Aus. Der von 3,7 auf 4 Liter aufgebohrte Motor des Rapide allerdings fand Verwendung im neuen Aston Martin DB5.

Aston Martin V8 Lagonda (Serie 1) 1974 bis 1976

1974 startete Aston Martin, nach Übernahme durch die Company Developments, einen weiteren Versuch in Sachen Lagonda. Er sollte abermals scheitern. Auf dem um 26 cm verlängerten V8-Chassis entstand eine viertürige Limousine, die so gut proportioniert war, dass die beiden zusätzlichen Türen erst auf den zweiten Blick auffielen. Der Wagen war überzeugend, leider setzten die erste globale Energiekrise, Aston Martins Finanzlage und der nachfolgende Konkurs dem ganzen Projekt ein vorzeitiges Ende.

Aston Martin V8-Lagonda-Reihe 1976 bis 1987

Nach dem Konkurs Ende 1974 und dem Neubeginn Mitte 1975 wollte Aston Martin einen neuen Lagonda kreieren, der in optischer und technischer Hinsicht ein gewaltiger Paukenschlag werden sollte, der jeden davon überzeugen würde, dass Aston Martin wieder voll da und ganz auf Zukunft eingestellt sei. Die Basis, auf der die futuristische Karosserie mit ihren Klappscheinwerfern aufbaute, war ein in erstaunlich kurzer Zeit entwickelter, brandneuer Plattform-Rahmen und ein ebenfalls komplett neues Fahrwerk, bei dem erstmals Leichtmetall verwendet wurde. Hypermoderne Sensor-Elektronik sollte die übliche Bedienfunktionen übernehmen. Doch in erster Linie übernahm sich Aston Martin mit diesem Projekt: Es war für ein Unternehmen in der Größe Aston Martins einfach überambitioniert und benötigte Jahre, um die Serienreife zu erlangen. Dabei wurden viele der projektierten Ausstattungsmerkmale zugunsten alltagstauglicher Technik fallen gelassen. Dennoch war seine cockpit-ähnliche Instrumentierung durch alle Baujahre hindurch eine spektakuläre und geschätzte Besonderheit. Nach seiner Etablierung auf dem Markt der exotischen Luxuslimousinen entwickelte sich der Lagonda zu einem zeitlosen Klassiker, dessen beachtliche Verkaufserfolge im Mittleren Osten Aston Martin das weitere Überleben entscheidend sicherten.

Aston Martin Spa Replica

Der überraschende Sieg des 2-litre-Sports-Prototyp bei den »24 Stunden von Spa« 1948 nahm Aston Martin zum Anlass, den Wagen nach seinem Renneinsatz mit einer hochwertigen Karosserie im Stile des vorherigen Provisoriums zu versehen, einen neuen Motor zu montieren und das Modell als Spa Replica zum ersten offiziellen Serienfahrzeug Aston Martins nach dem Krieg zu ernennen. Leider war der geforderte Preis exorbitant, weshalb nicht einmal das auf der Londoner Motor-Show 1948 ausgestellte Messefahrzeug veräußert wurde, geschweige denn Bestellung entgegen genommen werden konnten. Die Serienproduktion blieb dem Spa Replica daher versagt, weshalb nur dieses Einzelstück existiert.

Modell:	Spa Replica
Produktionszeit:	1948
Zylinder:	Reihen-4
Bohrung x Hub:	82,55 x 92 mm
Hubraum:	1970 ccm
PS bei U/min:	95 / 4750
Nm bei U/min:	n/a
Verdichtung:	8,5 : 1
Ventilbetätigung:	ohv über Stößelstangen
Gemischaufber.:	2 SU 1.5″ Vergaser
Getriebe:	4 V, 1 R, Synchrongetriebe
Karosserie:	Aluminium auf Stahlstruktur
Chassis:	Kastenrahmen (Stahl)
Fahrwerk vorne:	Einzelradaufh., Schraubenfedern
Fahrwerk hinten:	Starrachse, Schraubenfedern
Bremse:	Trommeln v/h
Radstand:	2743 mm
Maße (L x B x H):	4205 x 1650 x 1270 mm
Bereifung/Felgen:	5.50 x 18, Speichen
Leergewicht:	993 kg
Höchstgeschw.:	161 km/h
Stückzahlen:	1

Aston Martin 2-litre-Sports

Ende 1948 war der 2-litre-Sports zur Serienreife gelangt. Für ihn hatte man eine mit barocken Rundungen versehene Karosserie aus Aluminium gestaltet. Einen kleinen Geniestreich leistete man sich mit zwei integrierten Fächern in den gewaltigen Kotflügeln: In einem Fach wurden Batterie und Bordwerkzeug, im anderen das Reserverad untergebracht. Der Wagen besaß zwar eine Motorhaube, doch war es möglich, für größere Wartungsarbeiten den gesamten Karosserievorbau von zwei nach vorne gerichteten Streben abzuziehen und zur Seite zu legen. Die Kombination aus hohem Preis und bedingt leistungsstarkem Motor sorgten für eine äußerst geringe Nachfrage. Weil dem 2-litre-Sports der DB2 folgte, wurde er von der Fachpresse nachträglich (und fälschlicherweise!!) zum »DB1« gemacht.

Modell:	2-litre-Sports
Produktionszeit:	1948–1950
Zylinder:	Reihen-4
Bohrung x Hub:	82,55 x 92 mm
Hubraum:	1970 ccm
PS bei U/min:	90 / 4750
Nm bei U/min:	184 / 3000
Verdichtung:	7,25 : 1
Ventilbetätigung:	ohv über Stößelstangen
Gemischaufber.:	2 SU TH 4 Vergaser
Getriebe:	4 V, 1 R, Synchrongetriebe
Karosserie:	Aluminium auf Stahlstruktur
Chassis:	Kastenrahmen (Stahl)
Fahrwerk vorne:	Einzelradaufh., Schraubenfedern
Fahrwerk hinten:	Starrachse, Schraubenfedern
Bremse:	Trommeln v/h
Radstand:	2743 mm
Maße (L x B x H):	4470 x 1710 x 1410 mm
Bereifung/Felgen:	5.75 x 16, Speichen
Leergewicht:	1143 kg
Höchstgeschw.:	150 km/h
Stückzahlen:	15
Anmerkung:	1 Fahrzeug mit »Saloon«-Aufbau

Aston Martin DB2 (Sports Saloon)

Abgeleitet vom Prototypen »UMC 272« von 1949, der noch 18-Zoll-Räder und handgedengelte Entlüftungsschlitze trug, entstand 1950 der »2.6-litre-Saloon«, der bei seinem offiziellen Erscheinen als DB2 »Sports Saloon« vorgestellt wurde. Die Fachwelt war bei seiner Vorstellung im Rahmen der New-York-Motor-Show 1950 von seiner überraschend schlichten und modernen Linienführung verblüfft. Man ordnete die Form des neuen Astons als Schöpfung eines italienischen Designers ein, was von Aston Martin sicherlich nicht ganz unbeabsichtigt war. Betrachtet man die Ferrari-Modelle dieser Zeit, so ist diese Fehleinschätzung der Presse nur allzu verständlich. Wie beim 2-litre-Sports konnten drei (schlanke) Personen auf der Frontsitzbank Platz nehmen, wobei es diesmal die Wahl zwischen einer Lenkradschaltung oder dem üblichen, auf dem Kardantunnel sitzenden Schaltstock gab. Einer vierten Person konnte man für kurze Strecken den mit einer Sitznische ausgestattete Stauraum hinter den Sitzen anbieten. Dieses Provisorium wurde von den Kunden allerdings nicht angenommen; sie wollten einen vollwertigen Viersitzer, weshalb aus dem DB2 der geräumigere DB2/4 hervorging. Den Kofferraum des DB2 konnte man im Übrigen nur vom Innenraum aus bestücken. Die Klappe am Heck diente lediglich dazu, bei Bedarf dem Fahrzeug das unter dem Gepäckraum liegende Reserverad zu entnehmen. Der Kraftstofftank lag unter dem Reserverad. Zu befüllen war dieser über zwei Einfüllstützen, die, jeweils unter einer Klappe versteckt, elegant in die geschmeidige Form des DB2 integriert waren. Wurden die Türen abgeschlossen, so waren auch die Tankklappen verriegelt. Für größere Reparaturen brauchte man den Vorbau nun nicht mehr abzunehmen – er ließ sich jetzt komplett nach vorn hochklappen. Um die Insassen vor Hitze und Lärm aus dem Motorraum zu schützen, war die vordere Spritzwand doppelt ausgeführt

und mit Glaswolle gefüllt. Aus Gewichtsgründen entschied man sich bei den hinteren Seitenscheiben und dem Heckfenster für die Verwendung von Plexiglas. Eine durchdachte Lösung war auch die Positionierung der Lenkradspeichen, ähnlich wie die symbolisierten Strahlen des Mercedes-Benz-Sterns. Durch diese Anordnung verdeckte in der Mittelstellung, wo sich ein Lenkrad meistens befindet, keine Speiche die Hauptinstrumente. Das Lenkrad ließ sich zudem teleskopartig verstellen. Ungewöhnlich und ein Grund häufiger Irritationen (und Kritik) war der Drehzahlmesser, dessen Nadel sich gegen den Uhrzeigersinn bewegte. Der erstmals eingesetzte Sechszylinder wurde von Lagonda zugeliefert. Genau wegen dieses Motors hatte David Brown 1947 Lagonda übernommen, um damit den ungeliebten Aston-Vierzylinder zu ersetzen. Während seiner Bauzeit wurde die Motorhaube des DB2 überarbeitet und eine kombinierte Kühlermaske für Motorraum und Radhäuser eingefügt, die nur noch aus einem Teil bestand. Auch verschwanden die verchromten, in den vorderen Kotflügeln eingelassenen Entlüftungsgitter.

Modell:	DB2 (Sports Saloon)
Produktionszeit:	1950–1953
Zylinder:	Reihen-6
Bohrung x Hub:	78 x 90 mm
Hubraum:	2580 ccm
PS bei U/min:	105 / 5000
Nm bei U/min:	170 / 3100
Verdichtung:	6,5 : 1
Ventilbetätigung:	2 ohc
Gemischaufber.:	2 SU H4 Vergaser
Getriebe:	4 V, 1 R, Synchrongetriebe
Karosserie:	Aluminium auf Stahlstruktur
Chassis:	Kastenrahmen (Stahl)
Fahrwerk vorne:	Einzelradaufh., Schraubenfedern
Fahrwerk hinten:	Starrachse, Schraubenfedern
Bremse:	Trommeln v/h
Radstand:	2511 mm
Maße (L x B x H):	4130 x 1650 x 1360 mm
Bereifung/Felgen:	6.00 x 16, Speichen
Leergewicht:	1111 kg
Höchstgeschw.:	177 km/h
Stückzahlen:	145

Aston Martin DB2 Vantage

Für den leistungsorientierten Gentleman-Driver schob Aston Martin im November 1950 dem Standard-DB2 eine stärkere Variante nach, deren Bezeichnung noch heute Bestand im aktuellen Modellprogramm hat und bei Kennern für erhöhten Puls sorgt: Vantage (engl. für »Vorteil«). Der DB2 Vantage entwickelte seine Mehrleistung durch einen höher verdichtenden Motor und größere S.U.-Vergaser. (Später kam noch ein im Durchschnitt vergrößerter Ansaugkrümmer hinzu.) Damit wurde er der erste Serien-Aston, der die 200-km/h-Schallmauer streifte. Bis zum Produktionsende des DB2 Vantage gab es insgesamt 3 aufeinanderfolgende Motortypen (LB6V, VB6B und VB6E). Erstbesitzer des abgebildeten Vantage war übrigens der US-Rennwagenkonstrukteur Briggs Cunningham.

Modell:	DB2 Vantage
Produktionszeit:	1950–1953
Zylinder:	Reihen-6
Bohrung x Hub:	78 x 90 mm
Hubraum:	2580 ccm
PS bei U/min:	125 / 5000
Nm bei U/min:	192 / 2400
Verdichtung:	8,16 : 1
Ventilbetätigung:	2 ohc
Gemischaufber.:	2 SU HV6 Vergaser
Getriebe:	4 V, 1 R, Synchrongetriebe
Karosserie:	Aluminium auf Stahlstruktur
Chassis:	Kastenrahmen (Stahl)
Fahrwerk vorne:	Einzelradaufh., Schraubenfedern
Fahrwerk hinten:	Starrachse, Schraubenfedern
Bremse:	Trommeln v/h
Radstand:	2511 mm
Maße (L x B x H):	4130 x 1650 x 1360 mm
Bereifung/Felgen:	6.00 x 16, Speichen
Leergewicht:	1113 kg
Höchstgeschw.:	197 km/h
Stückzahlen:	164 (für alle drei Motorentypen)

Aston Martin DB2 Drophead Coupé (DHC)

Da der DB2 auf einem »Drophead-Coupé«-Chassis basierte, war eine offene Variante bei der Entwicklung des Saloon bereits berücksichtigt worden. Ende 1950 wurde das DB2 Drophead Coupé (DHC) angekündigt und schon im für dachloses Fahren wenig geeigneten Monat Februar des Folgejahres von der Zeitschrift »Motor Sport« getestet. Abschließend urteilte das Fachblatt: »Selbst schneebedeckte Kurven können im Renntempo genommen werden. Dieser DB2 muss als eines der sichersten Fahrzeuge gelten, was zu bewegen wir uns glücklich schätzen durften.«
Bei dem abgebildeten Exemplar (VMF 37) handelt es sich um jenen DHC-Prototypen, der nach Anlauf der Serienproduktion von Aston-Martin-Besitzer David Brown in dessen privaten Fuhrpark übernommen wurde.

Modell:	DB2 Drophead Coupé (DHC)
Produktionszeit:	1950–1953
Zylinder:	Reihen-6
Bohrung x Hub:	78 x 90 mm
Hubraum:	2580 ccm
PS bei U/min:	105 / 5000
Nm bei U/min:	170 / 3100
Verdichtung:	6,5 : 1
Ventilbetätigung:	2 ohc
Gemischaufber.:	2 SU H4 Vergaser
Getriebe:	4 V, 1 R, Synchrongetriebe
Karosserie:	Aluminium auf Stahlstruktur
Chassis:	Kastenrahmen (Stahl)
Fahrwerk vorne:	Einzelradaufh., Schraubenfedern
Fahrwerk hinten:	Starrachse, Schraubenfedern
Bremse:	Trommeln v/h
Radstand:	2511 mm
Maße (L x B x H):	4130 x 1650 x 1360 mm
Bereifung/Felgen:	6.00 x 16, Speichen
Leergewicht:	1118 kg
Höchstgeschw.:	175 km/h
Stückzahlen:	98 (inkl. 66 mit Vantage-Motor)

Aston Martin DB2/4 Saloon

Neben der Verlängerung des Hecks für die Unterbringung der von Kunden nachdrücklich erwünschten Notsitze, wurden weitere Modifikationen durchgeführt. Am auffälligsten waren die beim DB2/4 höher gesetzten Scheinwerfer, die Montage von Stoßstangen und die Verwendung einer einteiligen Windschutzscheibe. Als elegante Besonderheit dürfte die große Heckklappe gelten, für die der Ausdruck »Hatchback« erdacht wurde. Vergrößert wurde das Kofferraumvolumen durch eine – erstmals in der Automobilgeschichte – umklappbare Rückenlehne. Serienmäßig erhielt der DB2/4 den Vantage-Motor, um das durch die Überarbeitung resultierende Mehrgewicht zu kompensieren. Im September 1953 fand der auf 2,9 Liter aufgebohrte Sechszylinder Einzug im Saloon. Durch die verbesserte Versorgung mit hochwertigerem Treibstoff konnte man die Verdichtung erhöhen, wodurch fortan 140 PS zur Verfügung standen.

Modell:	DB2/4 Saloon
Produktionszeit:	1953–1955
Zylinder:	Reihen-6
Bohrung x Hub:	78 x 90 mm (83 x 90 mm)
Hubraum:	2580 ccm (2922 ccm)
PS bei U/min:	125 / 5000 (140 / 5000)
Nm bei U/min:	192 / 2400 (241 / 3000)
Verdichtung:	8,16 : 1 (8,2 : 1)
Ventilbetätigung:	2 ohc
Gemischaufber.:	2 SU HV6 Vergaser
Getriebe:	4 V, 1 R, Synchrongetriebe
Karosserie:	Aluminium auf Stahlstruktur
Chassis:	Kastenrahmen (Stahl)
Fahrwerk vorne:	Einzelradaufh., Schraubenfedern
Fahrwerk hinten:	Starrachse, Schraubenfedern
Bremse:	Trommeln v/h
Radstand:	2511 mm
Maße (L x B x H):	4300 x 1650 x 1360 mm
Bereifung/Felgen:	6.00 x 16, Speichen
Leergewicht:	1179 kg
Höchstgeschw.:	179 km/h (191 km/h)
Stückzahlen:	463

Aston Martin DB2/4 Drophead Coupé (DHC)

Modell:	DB2/4 Drophead Coupé (DHC)
Produktionszeit:	1953–1955
Zylinder:	Reihen-6
Bohrung x Hub:	78 x 90 mm (83 x 90 mm)
Hubraum:	2580 ccm (2922 ccm)
PS bei U/min:	125 / 5000 (140 / 5000)
Nm bei U/min:	192 / 2400 (241 / 3000)
Verdichtung:	8,16 : 1 (8,2 : 1)
Ventilbetätigung:	2 ohc
Gemischaufber.:	2 SU HV6 Vergaser
Getriebe:	4 V, 1 R, Synchrongetriebe
Karosserie:	Aluminium auf Stahlstruktur
Chassis:	Kastenrahmen (Stahl)
Fahrwerk vorne:	Einzelradaufh., Schraubenfedern
Fahrwerk hinten:	Starrachse, Schraubenfedern
Bremse:	Trommeln v/h
Radstand:	2511 mm
Maße (L x B x H):	4300 x 1650 x 1360 mm
Bereifung/Felgen:	6.00 x 16, Speichen
Leergewicht:	1176 kg
Höchstgeschw.:	177 km/h (189 km/h)
Stückzahlen:	102

Zeitgleich mit dem Saloon wurde auch das Drophead Coupé auf den Markt gebracht. Auch beim DHC wurde, um zusätzlichen Raum für die schmalen Rücksitze zu schaffen, die Position der Pedale, der Vordersitze und des Lenkrads leicht verändert, sowie das Heckteil verlängert. Eine weitere Neuheit war eine zwischen den Vordersitzen angebrachte Mittelarmlehne, in der man das Bordwerkzeug unterbrachte. Zudem war das Reserverad auf einem Blech am Unterboden montiert, welches im Falle einer Reifenpanne abgesenkt werden konnte. Während die Export-Modelle bereits elektrische Blinker erhielten, wurden die mechanischen Winker für den heimischen Markt beibehalten. Erst im April 1954, sieben Monate nach dem Saloon, kam dann auch das Drophead Coupé in den Genuss der stärkeren 2.9-litre-Motorisierung. Einen besonders prominenten Auftritt hatte übrigens ein DB2/4 DHC in Hitchcocks »Die Vögel«.

Aston Martin DB2/4 Mark II Saloon

Modell:	DB2/4 Mark II Saloon
Produktionszeit:	1955–1957
Zylinder:	Reihen-6
Bohrung x Hub:	83 x 90 mm
Hubraum:	2922 ccm
PS bei U/min:	140 / 5000
Nm bei U/min:	241 / 3000
Verdichtung:	8,2 : 1
Ventilbetätigung:	2 ohc
Gemischaufber.:	2 SU HV6 Vergaser
Getriebe:	4 V, 1 R, Synchrongetriebe
Karosserie:	Aluminium auf Stahlstruktur
Chassis:	Kastenrahmen (Stahl)
Fahrwerk vorne:	Einzelradaufh., Schraubenfedern
Fahrwerk hinten:	Starrachse, Schraubenfedern
Bremse:	Trommeln v/h
Radstand:	2511 mm
Maße (L x B x H):	4356 x 1650 x 1379 mm
Bereifung/Felgen:	6.00 x 16, Speichen
Leergewicht:	1226 kg
Höchstgeschw.:	188 km/h
Stückzahlen:	149

Im Oktober 1955 kam der um die Bezeichnung »Mark II« ergänzte Nachfolger des DB2/4 auf den Markt, dessen Karosserien bei David Browns jüngster Akquisition angefertigt wurden: Tickford in Newport Pagnell. Überarbeitet wurden beim Mark II die Sitze, das Dach wurde angehoben, die Karosserie mit viel Chromzierrat um Fenster, Heckklappe und Kotflügel geschmückt, die zum Gewichtszuwachs des Mark II beitrugen. Auf den Spitzen der als angedeutete Heckflossen gestalteten hinteren Kotflügel saßen kleine Heckleuchten, die man auch am Triumph TR2 finden konnte. Der zuvor verloren wirkende Tankeinfüllstutzen verschwand wieder unter einer vom Innenraum entriegelbaren Klappe, während man gleichzeitig die alte Zughandbremse (»Regenschirmgriff«) gegen eine »Fly-Off«-Version (Handbremsgriff, der zum Lösen einfach angehoben wird) ersetzte.

Aston Martin DB2/4 Mark II Drophead Coupé (DHC)

Die offene DHC-Version des Mark II teilte – bis auf das fehlende Dach – alle Überarbeitungen mit dem Saloon, auch die Trennung von Motorhaube und vorderer Kotflügel, die fortan am Chassis fest fixiert waren, um dem Vorbau mehr Stabilität zu verleihen. Wem die Leistung des Sechszylinders noch nicht ausreichte, konnte bei der Bestellung gegen Aufpreis die Montage eines »Special-Series«-Motors ordern. Seine 165 PS wurden durch größere Ventile und schärfere Nockenwellen bereitgestellt. Wem dies noch immer nicht genügte: Rennkolben, Rennkupplung, Weber-40-DCO-Vergaser, ein größerer Tank und ein enger gestuftes Getriebe ab Werk wurden für den ambitionierten Wochenend-Rennfahrer ebenfalls auf der Zubehörliste geführt.

Modell:	DB2/4 Mark II Drophead Coupé (DHC)
Produktionszeit:	1955–1957
Zylinder:	Reihen-6
Bohrung x Hub:	83 x 90 mm
Hubraum:	2922 ccm
PS bei U/min:	140 / 5000
Nm bei U/min:	241 / 3000
Verdichtung:	8,2 : 1
Ventilbetätigung:	2 ohc
Gemischaufber.:	2 SU HV6 Vergaser
Getriebe:	4 V, 1 R, Synchrongetriebe
Karosserie:	Aluminium auf Stahlstruktur
Chassis:	Kastenrahmen (Stahl)
Fahrwerk vorne:	Einzelradaufh., Schraubenfedern
Fahrwerk hinten:	Starrachse, Schraubenfedern
Bremse:	Trommeln v/h
Radstand:	2511 mm
Maße (L x B x H):	4356 x 1650 x 1379 mm
Bereifung/Felgen:	6.00 x 16, Speichen
Leergewicht:	1220 kg
Höchstgeschw.:	186 km/h
Stückzahlen:	16

Aston Martin DB2/4 Mark II Fixedhead Coupé (FHC)

Zum selben Listenpreis des Saloon, präsentierte Aston Martin auf der London-Motor-Show im Oktober 1955 als dritte Modellvariante ein Stufenheck-Coupé, genannt »Fixedhead Coupé« (FHC). Wie ein DHC mit fest montiertem Hardtop wirkend, konnte es sogar mit einer Zweiton-Lackierung bestellt werden. Wer mochte, konnte bei Aston Martin statt eines Fertigfahrzeugs auch nur das nackte Chassis erwerben, um es anschließend von einem Karosseriebauer einkleiden zu lassen, wie es z.B. bei einigen Einzelstücken von Bertone der Fall war.

Modell:	DB2/4 Mark II Fixedhead Coupé (FHC)
Produktionszeit:	1955–1957
Zylinder:	Reihen-6
Bohrung x Hub:	83 x 90 mm
Hubraum:	2922 ccm
PS bei U/min:	140 / 5000
Nm bei U/min:	241 / 3000
Verdichtung:	8,2 : 1
Ventilbetätigung:	2 ohc
Gemischaufber.:	2 SU HV6 Vergaser
Getriebe:	4 V, 1 R, Synchrongetriebe
Karosserie:	Aluminium auf Stahlstruktur
Chassis:	Kastenrahmen (Stahl)
Fahrwerk vorne:	Einzelradaufh., Schraubenfedern
Fahrwerk hinten:	Starrachse, Schraubenfedern
Bremse:	Trommeln v/h
Radstand:	2511 mm
Maße (L x B x H):	4356 x 1650 x 1379 mm
Bereifung/Felgen:	6.00 x 16, Speichen
Leergewicht:	1220 kg
Höchstgeschw.:	186 km/h
Stückzahlen:	34

Aston Martin DB2/4 Mark II Spyder

1956 ging Aston Martin erstmals eine Zusammenarbeit mit der italienischen Karosseriebaufirma Touring ein: Auf dem Chassis des Mark II entstand in Turin ein klassischer Zweisitzer mit Aluminium-Karosserie in der von Touring patentierten »Superleggera«-Technik (Superleggera = ital. für »extra leicht«). Der erste gefertigte Spyder war als Hauptgewinn eines Preisausschreibens der »Daily Mail« im Rahmen der London-Motor-Show 1956 gedacht. Dort war auch der zweite Spyder am Stand Tourings ausgestellt, der dritte war Tourings Showcar der Paris-Motor-Show im selben Jahr. Gerne hätte Touring den Spyder in einer Kleinserie gefertigt, da dieser aber deutlich mehr kostete, als das schon nicht unbedingt preisgünstige Mark-II-DHC, kam es zu keiner einzigen Kundenbestellung. Allerdings war durch den Spyder die Grundlage für weitere Projekte zwischen Aston Martin und Touring gelegt, die im Auftrag für die Gestaltung des DB4 mündete.

Modell:	DB2/4 Mark II Spyder
Produktionszeit:	1956
Zylinder:	Reihen-6
Bohrung x Hub:	83 x 90 mm
Hubraum:	2922 ccm
PS bei U/min:	140 / 5000
Nm bei U/min:	241 / 3000
Verdichtung:	8,2 : 1
Ventilbetätigung:	2 ohc
Gemischaufber.:	2 SU HV6 Vergaser
Getriebe:	4 V, 1 R, Synchrongetriebe
Karosserie:	Aluminium auf Stahlrohrstruktur
Chassis:	Plattformrahmen (Stahl)
Fahrwerk vorne:	Einzelradaufh., Schraubenfedern
Fahrwerk hinten:	Starrachse, Schraubenfedern
Bremse:	Trommeln v/h
Radstand:	2511 mm
Maße (L x B x H):	4267 x 1651 x 1194 mm
Bereifung/Felgen:	6.00 x 16, Speichen
Leergewicht:	862 kg
Höchstgeschw.:	193 km/h
Stückzahlen:	3

Aston Martin DB Mark III Saloon

Die deutlich geglättete und von übertriebenen Chromzierrat befreite Optik des DB Mark III lehnte im Frontbereich bewusst an die des DB3S-Rennwagens an. Die nur noch sanft angedeuteten Heckflossenstummel trugen zunächst noch die Heckleuchten des Mark II. Diese ersetzte man bald durch jene vertikal angeordneten Rücklichter, die auch für den kommenden DB4 verwendet werden sollten. Premiere feierte der Einzug einer optionalen 3-Stufen-Automatik. Für das Schaltgetriebe wurde ein Overdrive (ab Mark IIIB) erhältlich. Nach den ersten 100 für den Export gebauten Exemplaren (Mark IIIA genannt), wurden die bislang aufpreispflichtigen Scheibenbremsen an der Vorderachse in die Serienausstattung (des Mark IIIB) aufgenommen. Die neue Borg-&-Beck-Kupplung wurde erstmals hydraulisch betätigt. Der komplett überarbeitete 2,9 Liter-Motor (DBA genannt) leistete jetzt 162 PS.

Modell:	DB Mark III Saloon
Produktionszeit:	1957–1959
Zylinder:	Reihen-6
Bohrung x Hub:	83 x 90 mm
Hubraum:	2922 ccm
PS bei U/min:	162 / 5500
Nm bei U/min:	241 / 3000
Verdichtung:	8,16 : 1
Ventilbetätigung:	2 ohc
Gemischaufber.:	2 SU HV6 Vergaser
Getriebe:	4 V, 1 R, Synchrongetriebe
Karosserie:	Aluminium auf Stahlstruktur
Chassis:	Kastenrahmen (Stahl)
Fahrwerk vorne:	Einzelradaufh., Schraubenfedern
Fahrwerk hinten:	Starrachse, Schraubenfedern
Bremse:	Trommeln v/h (Mark IIIA), Scheiben v + Servo (Mark IIIB)
Radstand:	2511 mm
Maße (L x B x H):	4355 x 1650 x 1380 mm
Bereifung/Felgen:	6.00 x 16, Speichen
Leergewicht:	1270 kg
Höchstgeschw.:	193 km/h
Stückzahlen:	459
Anmerkung:	Overdrive und Automatik optional

Aston Martin DB Mark III Drophead Coupé (DHC)

»Oben ohne« gab es auch beim Mark III mit dem DHC. Wie in seinen bedachten Brüdern zeigten sich in seinem Inneren erneut überarbeitete Sitze und ein Drehzahlmesser, dessen Zeiger sich nun endlich im Uhrzeigersinn bewegte. Ebenfalls neu war die Anordnung der zuvor bei allen DB2-Modellen mittig platzierten Instrumente. Ab sofort saßen die Uhren auf der Seite des Fahrers, umrahmt von einem neuen Instrumententräger, der die geschwungene Form des Kühlergrills wiedergab. Dieses Armaturendesign übernahmen auch die nachfolgenden Modelle bis hin zum DB6 Mk. 2.

Modell:	DB Mark III Drophead Coupé (DHC)
Produktionszeit:	1957–1959
Zylinder:	Reihen-6
Bohrung x Hub:	83 x 90 mm
Hubraum:	2922 ccm
PS bei U/min:	162 / 5500
Nm bei U/min:	245 / 4000
Verdichtung:	8,16 : 1
Ventilbetätigung:	2 ohc
Gemischaufber.:	2 SU HV6 Vergaser
Getriebe:	4 V, 1 R, Synchrongetriebe
Karosserie:	Aluminium auf Stahlstruktur
Chassis:	Kastenrahmen (Stahl)
Fahrwerk vorne:	Einzelradaufh., Schraubenfedern
Fahrwerk hinten:	Starrachse, Schraubenfedern
Bremse:	Trommeln v/h (Mark IIIA), Scheiben v + Servo (Mark IIIB)
Radstand:	2511 mm
Maße (L x B x H):	4355 x 1650 x 1380 mm
Bereifung/Felgen:	6.00 x 16, Speichen
Leergewicht:	1265 kg
Höchstgeschw.:	190 km/h
Stückzahlen:	85
Anmerkung:	Overdrive und Automatik optional

Aston Martin DB Mark III Fixedhead Coupé (FHC)

Auch vom Mark III wurde ein Fixedhead-Coupé (FHC) angeboten. Von diesem veräußerte Aston Martin bis zum Ende seiner Produktionszeit lediglich fünf Exemplare. Alle fünf wurden allerdings statt der normalen DBA-Motorvariante mit der optional erhältlichen DBD-Version bestellt, deren zweirohrige Auspuffanlage mit besserem Gasdurchsatz die Leistung auf 178 PS steigerte. Alternativ bot Aston Martin für alle Mark III auch eine 195 PS starke »Special Series«-Version (DBB genannt) mit erhöhter Verdichtung und drei SU-Vergaser an. Ein einziger Mark III, der nach Kuba ging, erhielt sogar die 2,5-Liter große 212 PS-Maschine (DBC) des frühen DBR1-Rennwagens.

Modell:	DB Mark III Fixedhead Coupé (FHC)
Produktionszeit:	1957–1959
Zylinder:	Reihen-6
Bohrung x Hub:	83 x 90 mm
Hubraum:	2922 ccm
PS bei U/min:	162 / 5500
Nm bei U/min:	245 / 4000
Verdichtung:	8,16 : 1
Ventilbetätigung:	2 ohc
Gemischaufber.:	2 SU HV6 Vergaser
Getriebe:	4 V, 1 R, Synchrongetriebe
Karosserie:	Aluminium auf Stahlstruktur
Chassis:	Kastenrahmen (Stahl)
Fahrwerk vorne:	Einzelradaufh., Schraubenfedern
Fahrwerk hinten:	Starrachse, Schraubenfedern
Bremse:	Trommeln v/h (Mark IIIA), Scheiben v + Servo (Mark IIIB)
Radstand:	2511 mm
Maße (L x B x H):	4355 x 1650 x 1380 mm
Bereifung/Felgen:	6.00 x 16, Speichen
Leergewicht:	1265 kg
Höchstgeschw.:	190 km/h
Stückzahlen:	5
Anmerkung:	Overdrive und Automatik optional

Aston Martin DB3

Die markante Erscheinung des DB3 (nicht mit dem Mark III zu verwechseln) demonstrierte Renn-Funktionalität, der die Form der Karosserie folgte. Das Chassis bestand aus einem Gitterrohrrahmen, montiert auf einem trapezförmigen Leiterrahmen aus fast armdicken Rohren. Die Vorderachse wies Kurbellängslenker auf, die Hinterachse war nach dem De-Dion-Prinzip aufgebaut. Für die Kraftübertragung sorgte ein am Differential angeflanschtes Transaxial-Getriebe. Motorisiert wurde der DB3 mit dem Sechszylinder des DB2 Vantage, den man mit drei Weber-Doppelvergasern aufrüstete. Wegen der äußerst massiven Bauweise seines Chassis geriet der DB3 allerdings zu schwer. Wegen dieses Handicaps wurde die geplante Produktion von 25 Exemplaren nicht beendet. Von 10 Fahrzeugen wurden fünf für den Werkseinsatz verwendet und der Rest frei veräußert.

Modell:	DB3 (Serienmodell)
Produktionszeit:	1951–1953
Zylinder:	Reihen-6
Bohrung x Hub:	78 x 90 mm
Hubraum:	2580 ccm
PS bei U/min:	140 / 5300
Nm bei U/min:	190 / 2400
Verdichtung:	8,16 : 1
Ventilbetätigung:	2 ohc
Gemischaufber.:	3 Weber 36 DCF5 Vergaser
Getriebe:	5 V, 1 R, Synchrongetriebe
Karosserie:	Aluminium auf Stahlstruktur
Chassis:	Leiterahmen aus Stahlröhren
Fahrwerk vorne:	Einzelradaufh., Schraubenfedern
Fahrwerk hinten:	De-Dion-Achse, Schraubenfedern
Bremse:	Trommeln v/h
Radstand:	2362 mm
Maße (L x B x H):	4026 x 1562 x 1016 mm
Bereifung/Felgen:	6.00 x 16, Speichen
Leergewicht:	981 kg
Höchstgeschw.:	212 km/h
Stückzahlen:	5
Anmerkung:	4-Gang-Getriebe optional

Aston Martin DB3S

Der DB3S war schmaler, kürzer und durch die Verwendung von dünneren Röhren auch an die 80 kg leichter geraten als sein kastenartiger Vorgänger. Das Fahrwerk wurde aber in weiten Teilen vom DB3 übernommen. Die formschöne Karosserie aus einer papierdünnen Aluminium-Beplankung wurde windschlüpfriger gestaltet, indem man 1:10-Modelle im Windkanal testen ließ. Die weiten Radausschnitte der vorderen Kotflügel sollten die Abwärme des Motors besser ableiten. Da sich Aston Martin keine zusätzliche Rennsport-Konkurrenz heranziehen wollte, waren die »Kunden«-DB3S motortechnisch gegenüber den »Werks«-DB3S deutlich abgerüstet. Der auf 180 PS getunte 2.9-litre aus dem DB2/4 musste genügen. Doppelzündung, Zylinderkopf aus Leichtmetall und Scheibenbremsen rundum waren ausschließlich den Werkswagen vorbehalten.

Modell:	DB3S (Serienmodell)
Produktionszeit:	1953–1957
Zylinder:	Reihen-6
Bohrung x Hub:	83 x 90 mm
Hubraum:	2922 ccm
PS bei U/min:	180 / 5500
Nm bei U/min:	241 / 3100
Verdichtung:	8,68 : 1
Ventilbetätigung:	2 ohc
Gemischaufber.:	3 Weber 40 DCO3 Vergaser
Getriebe:	4 V, 1 R, Synchrongetriebe
Karosserie:	Aluminium auf Stahlstruktur
Chassis:	Leiterahmen aus Stahlröhren
Fahrwerk vorne:	Einzelradaufh., Schraubenfedern
Fahrwerk hinten:	De-Dion-Achse, Schraubenfedern
Bremse:	Trommeln v/h
Radstand:	2210 mm
Maße (L x B x H):	3910 x 1500 x 1040 mm
Bereifung/Felgen:	6.00 x 16, Speichen
Leergewicht:	890 kg
Höchstgeschw.:	226 km/h
Stückzahlen:	19
Anmerkung:	3 Fixedhead Coupés

Aston Martin DB4 Saloon (Series 1)

Am 2. Oktober 1958 erstrahlte ein ganz in Weiß gehaltener Aston Martin DB4 unter dem Scheinwerferlicht des Automobilsalons in Paris. Zum Zeitpunkt seiner feierlichen Enthüllung war er nicht nur der schnellste, sondern auch der teuerste Seriensportwagen der Welt. Für viele war er aber auch der schönste. Die Dachlinie zog sich von der Windschutzscheibe aus leicht abfallend nach hinten, um in einem sanften Bogen in der Haube des Kofferraums einzutauchen. Auffallend waren die durch die »Superleggera«-Bauweise extrem dünnen A- und die optisch kaum vorhandenen B-Säulen, was dem ganzen Wagen eine grazile Leichtigkeit verlieh. Aston Martin befand sich hinsichtlich Design und Fahrleistungen nun in Augenhöhe mit dem großen Mitbewerber mit dem springenden Pferd aus Italien. So wohlgeformt die Karosserie und durchdacht das Chassis war, dem brandneuen Sechszylinder mangelte es an Standfestigkeit, was einige Käufer in Ländern ohne Tempolimit leidvoll am eigenen Fahrzeug erfahren mussten. Die bei mediterranen Lufttemperaturen und hohen Dauergeschwindigkeiten entstehende Abwärme verzog den gesamten Motorblock aus Leichtmetall, was letztlich zum Zusammenbruch des Öldrucks und nachfolgend zu Lagerschäden und Kolbenfressern führte. Nach Eingrenzen der Ursache modifizierte Aston Martin den Sechszylinder umfassend. Der überarbeitete DB4 Saloon wurde bei seiner Einführung so zur späteren »Series 2«. Nachdem während einer Testfahrt mit dem Prototypen ein Defekt im Bremssystem für dessen kompletten Ausfall sorgte, wurde kurz vor der Weltpremiere des DB4 die überarbeitete Dunlop-Scheibenbremsanlage für alle Räder mit einem Zwillings-Bremsservo ergänzt. Außerdem erhöhte man die Leistung des 3,7-Liter auf 240 PS. Als Grund wurde das Gewicht des DB4 angeführt. Trotz »Super-

Aston Martin DB4 Saloon (Series 1)

leggera«-Bauweise und der reichlichen Verwendung von Aluminium bei Motor und Karosserie war er nämlich schwerer als der DB Mark III geraten. Bei einer werbewirksamen Demonstration der DB4-Fahrleistungen vor versammelter Fachpresse bewies Aston Martin die Behauptung, dass man den DB4 binnen 30 Sekunden von 0 auf 100 Meilen (ca. 160 km/h) beschleunigen und ihn anschließend wieder bis zum Stillstand herunterbremsen konnte – am Ende der Vorführung waren es sogar nur 27 Sekunden! In Deutschland kostete der DB4 stolze 46.000,- DM. Für 13.000,- DM weniger konnte man sich schon einen kaum weniger potenten Mercedes-Benz 300 SL Roadster leisten.

Modell:	DB4 Saloon (Series 1)
Produktionszeit:	1958–1960
Zylinder:	Reihen-6
Bohrung x Hub:	92 x 92 mm
Hubraum:	3670 ccm
PS bei U/min:	240 / 5500
Nm bei U/min:	324 / 4250
Verdichtung:	8,25 : 1
Ventilbetätigung:	2 ohc
Gemischaufber.:	2 SU HD8 Vergaser
Getriebe:	4 V, 1 R, Synchrongetriebe
Karosserie:	Aluminium auf Stahlrohrstruktur
Chassis:	Plattformrahmen (Stahl)
Fahrwerk vorne:	Einzelradaufh., Schraubenfedern
Fahrwerk hinten:	Starrachse, Schraubenfedern
Bremse:	Scheiben v/h, mit Servo
Radstand:	2490 mm
Maße (L x B x H):	4480 x 1680 x 1310 mm
Bereifung/Felgen:	6.00 x 16, Speichen
Leergewicht:	1311 kg
Höchstgeschw.:	225 km/h
Stückzahlen:	150
Anmerkung:	kein Overdrive und Automatik erhältlich

Aston Martin DB4 Saloon (Series 2)

Modell:	DB4 Saloon (Series 2)
Produktionszeit:	1960–1961
Zylinder:	Reihen-6
Bohrung x Hub:	92 x 92 mm
Hubraum:	3670 ccm
PS bei U/min:	240 / 5500
Nm bei U/min:	324 / 4250
Verdichtung:	8,25 : 1
Ventilbetätigung:	2 ohc
Gemischaufber.:	2 SU HD8 Vergaser
Getriebe:	4 V, 1 R, Synchrongetriebe
Karosserie:	Aluminium auf Stahlrohrstruktur
Chassis:	Plattformrahmen (Stahl)
Fahrwerk vorne:	Einzelradaufh., Schraubenfedern
Fahrwerk hinten:	Starrachse, Schraubenfedern
Bremse:	Scheiben v/h, mit Servo
Radstand:	2490 mm
Maße (L x B x H):	4480 x 1680 x 1320 mm
Bereifung/Felgen:	6.00 x 16, Speichen
Leergewicht:	1353 kg
Höchstgeschw.:	225 km/h
Stückzahlen:	350

Der DB4 der zweiten Serie wurde ab Januar 1960 in Newport Pagnell montiert. Neben der Überarbeitung des Motors (u.a. Erhöhung des Ölvorrates auf 9,6 Liter, Anbieten eines Ölkühlers, u.v.a.) wurde die Lenkung leichtgängiger gemacht, die Bremszangen an den Vorderrädern verbessert und die Bremsscheiben vergrößert. Auch wurden leckende Fensterdichtungen gegen neu profilierte ausgetauscht. Schon zuvor hatte die Frontscheibe ab DB4 Nr. 50 eine Chromleiste erhalten. Die hinteren Seitenscheiben waren nun ausstellbar. Ebenfalls vor dem Serienwechsel waren die Stoßstangen mit Hörnern versehen worden. Aus Sicherheitsgründen wurde die Motorhaube ab sofort vorne angeschlagen, damit sie, speziell bei hoher Geschwindigkeit, sicher geschlossen blieb. Änderungen wurden auch an der zu schwachen Heizung und der Ventilation vorgenommen. Endlich war gegen Aufpreis auch ein Overdrive erhältlich.

Aston Martin DB4 Saloon (Series 3)

Modell:	DB4 Saloon (Series 3)
Produktionszeit:	1961
Zylinder:	Reihen-6
Bohrung x Hub:	92 x 92 mm
Hubraum:	3670 ccm
PS bei U/min:	240 / 5500
Nm bei U/min:	324 / 4250
Verdichtung:	8,25 : 1
Ventilbetätigung:	2 ohc
Gemischaufber.:	2 SU HD8 Vergaser
Getriebe:	4 V, 1 R, Synchrongetriebe
Karosserie:	Aluminium auf Stahlrohrstruktur
Chassis:	Plattformrahmen (Stahl)
Fahrwerk vorne:	Einzelradaufh., Schraubenfedern
Fahrwerk hinten:	Starrachse, Schraubenfedern
Bremse:	Scheiben v/h, mit Servo
Radstand:	2490 mm
Maße (L x B x H):	4480 x 1680 x 1320 mm
Bereifung/Felgen:	6.00 x 16, Speichen
Leergewicht:	1353 kg
Höchstgeschw.:	223 km/h
Stückzahlen:	162

Bereits im April 1961 erschien die dritte DB4-Serie, die anhand der drei Einzellampen pro Heckleuchteneinheit gut zu identifizieren ist. Auch einige Details am und um das Armaturenbrett wurden geändert, wie z.B. zwei zusätzliche Ausströmdüsen, sowie ein Lenkstockhebel mit weiteren Funktionen und ein elektrischer Tacho, der seinen mechanischen Vorgänger ersetzte. Um die Windschutzscheibe auch bei höherem Tempo von Regen freizuhalten, wurden die Wischerarme so verändert, dass sie besseren Anpressdruck boten. Weil der DB4 durch die permanente Weiterentwicklung an Gewicht zunahm, verordnete man ihm dünneres Aluminiumblech, welches aber durch ein neues Mischungsverhältnis seiner Legierung noch verwindungssteifer ausfiel. Um die im Innenraum auftretenden Arbeitsgeräusche des Motors abzumildern, wurde großzügig Dämmmaterial verarbeitet und die Auspuffanlage mit einem neuen Schalldämpfer versehen.

Aston Martin DB4 Saloon (Series 4)

Die Fahrzeuge der vierten Serie hatten nun als Neuerung den Kühlergrill mit breiten Maschen und den sieben senkrechten Streben, der in seinem Styling bis zum DBS erhalten blieb. Weiterhin gab es an der Fahrzeugfront Blinkleuchten, die weiter aus der Karosserie ragten und so besser wahrgenommen werden konnten. Den neuen Kofferraumgriff von Hella mit Kennzeichenbeleuchtung am Heck konnte man auch am Karmann-Ghia wiederfinden. Ein Ölkühler war nun Standard. Auch wurde die Einscheiben-Kupplung, die mit der Motorleistung schon lange überfordert war, von einer Zweischeiben-Kupplung von Borg & Beck abgelöst, die auch mit weniger Pedaldruck getrennt werden konnte. Ebenfalls in Angriff genommen wurde die Reduzierung des etwas dominant wirkenden Lufteinlasses auf der Motorhaube.

Modell:	DB4 Saloon (Series 4)
Produktionszeit:	1961–1962
Zylinder:	Reihen-6
Bohrung x Hub:	92 x 92 mm
Hubraum:	3670 ccm
PS bei U/min:	240 / 5500
Nm bei U/min:	324 / 4250
Verdichtung:	8,25 : 1
Ventilbetätigung:	2 ohc
Gemischaufber.:	2 SU HD8 Vergaser
Getriebe:	4 V, 1 R, Synchrongetriebe
Karosserie:	Aluminium auf Stahlrohrstruktur
Chassis:	Plattformrahmen (Stahl)
Fahrwerk vorne:	Einzelradaufh., Schraubenfedern
Fahrwerk hinten:	Starrachse, Schraubenfedern
Bremse:	Scheiben v/h, mit Servo
Radstand:	2490 mm
Maße (L x B x H):	4480 x 1680 x 1320 mm
Bereifung/Felgen:	6.00 x 16, Speichen
Leergewicht:	1353 kg
Höchstgeschw.:	226 km/h
Stückzahlen:	181

Aston Martin DB4 Saloon (Series 5)

Im September 1962 wurde mit der Series 5 die letzte Evolutionsstufe des DB4 vorgestellt. Um dem Kundenwunsch nach einem erweiterten Innenraum nachzukommen, wurde das Dach etwas angehoben und die Heckpartie um knapp 9 cm verlängert. Um den daraus resultierenden Gewichtszuwachs auszugleichen, wurde die Vantage-Maschine zum Standard-Antrieb. Auf Wunsch war aber auch die schwächere Motorvariante weiterhin lieferbar. Um den Geräuschpegel noch weiter zu senken, bekamen alle Modelle einen thermostatischen Kühlerventilator, der nur bei Bedarf einsetzte. Diese Maßnahme bewirkte zudem 7 PS mehr Leistung bei Höchstdrehzahl. Nachdem ein Kunde auf den Einbau einer Automatik bestanden hatte, bot man diese danach auch offiziell an. Dass der DB4 etwas geduckter auf dem Asphalt stand, lag – um das erhöhte Dach zu kaschieren – an kleineren Speichenrädern und den breiteren Reifen.

Modell:	DB4 Saloon (Series 5)
Produktionszeit:	1962–1963
Zylinder:	Reihen-6
Bohrung x Hub:	92 x 92 mm
Hubraum:	3670 ccm
PS bei U/min:	245 / 5500
Nm bei U/min:	325 / 4250
Verdichtung:	8,25 : 1
Ventilbetätigung:	2 ohc
Gemischaufber.:	2 SU HD8 Vergaser
Getriebe:	4 V, 1 R, Synchrongetriebe
Karosserie:	Aluminium auf Stahlrohrstruktur
Chassis:	Plattformrahmen (Stahl)
Fahrwerk vorne:	Einzelradaufh., Schraubenfedern
Fahrwerk hinten:	Starrachse, Schraubenfedern
Bremse:	Scheiben v/h, mit Servo
Radstand:	2490 mm
Maße (L x B x H):	4570 x 1680 x 1320 mm
Bereifung/Felgen:	6.70 x 15, Speichen
Leergewicht:	1353 kg
Höchstgeschw.:	220 km/h
Stückzahlen:	57

Aston Martin DB4GT

Der DB4GT war für all jene Kunden gedacht, die an GT- und Clubrennen teilnehmen wollten. Er hatte nicht nur eine um 20 km/h gesteigerte Höchstgeschwindigkeit, sondern auch ein um 10 cm verkürztes Chassis. Zusammen mit der Verwendung von Plexiglas bei den Seitenscheiben und dem rückwärtigen Fenster konnten über 80 kg eingespart werden – sogar die Stoßstangenhörner wurden deswegen gestrichen. Am auffälligsten waren die der besseren Aerodynamik wegen unter Plexiglas gesetzten Scheinwerfer. Ferner gab es einen zweiten Tankdeckel für das insgesamt 136 Liter fassende Treibstoffreservoir. Das Werk notierte für die Leistung des GT 302 PS – dank dreier Weber-Doppelvergaser, höherer Verdichtung, Doppelzündung, sowie leichterer und schärferer Nockenwellen. Gebremst wurde der GT mit einer größeren Girling-Anlage. Der DB4GT war zu seiner Zeit Großbritanniens schnellster Sportwagen.

Modell:	DB4GT
Produktionszeit:	1959–1963
Zylinder:	Reihen-6
Bohrung x Hub:	92 x 92 mm
Hubraum:	3670 ccm
PS bei U/min:	302 / 6000
Nm bei U/min:	366 / 5400
Verdichtung:	9 : 1
Ventilbetätigung:	2 ohc
Gemischaufber.:	3 Weber 45 DCO4 Vergaser
Getriebe:	4 V, 1 R, Synchrongetriebe
Karosserie:	Aluminium auf Stahlrohrstruktur
Chassis:	Plattformrahmen (Stahl)
Fahrwerk vorne:	Einzelradaufh., Schraubenfedern
Fahrwerk hinten:	Starrachse, Schraubenfedern
Bremse:	Scheiben v/h, mit Servo
Radstand:	2362 mm
Maße (L x B x H):	4353 x 1680 x 1320 mm
Bereifung/Felgen:	6.00 x 16, Speichen (Borrani)
Leergewicht:	1271 kg
Höchstgeschw.:	246 km/h
Stückzahlen:	75 (inkl. 5 »Lightweight«-GTs)

Aston Martin DB4GT Zagato

Der DB4GT war schnell, aber manchen für den ambitionierten Einsatz nicht schnell genug. Daher stellte Aston Martin Überlegungen für ein noch leistungsstärkeres GT-Modell an, deren Resultat der DB4GT Zagato war. Für ihn optimierte und verfeinerte man den GT-Motor noch weiter, was mit 314 PS belohnt wurde. Für die erwarteten Renneinsätze erhielt das Zagato-Chassis geänderte Schraubenfedern, Stoßdämpfer-Einstellungen und eine überarbeitete Lenkgeometrie. Anschließend wurden die fahrfertigen Chassis zu Zagato nach Mailand geliefert, wo sie mit der sehr dünnhäutigen und strömungsgünstigen Karosserie versehen und anschließend – bis auf fünf Exemplare, die man bei Zagato vollendete – wieder nach England gesandt wurden. Nur 19 Zagatos – die sich alle in größeren und kleineren Details voneinander unterscheiden – wurden gefertigt.

Modell:	DB4GT Zagato
Produktionszeit:	1960–1961
Zylinder:	Reihen-6
Bohrung x Hub:	99 x 92 mm
Hubraum:	3670 ccm
PS bei U/min:	314 / 6000
Nm bei U/min:	377 / 5400
Verdichtung:	9,7 : 1
Ventilbetätigung:	2 ohc
Gemischaufber.:	3 Weber 45 DCOE4 Vergaser
Getriebe:	4 V, 1 R, Synchrongetriebe
Karosserie:	Aluminium auf Stahlrohrstruktur
Chassis:	Plattformrahmen (Stahl)
Fahrwerk vorne:	Einzelradaufh., Schraubenfedern
Fahrwerk hinten:	Starrachse, Schraubenfedern
Bremse:	Scheiben v/h, mit Servo
Radstand:	2362 mm
Maße (L x B x H):	4267 x 1684 x 1280 mm
Bereifung/Felgen:	6.00 x 16, Speichen
Leergewicht:	1225 kg
Höchstgeschw.:	247 km/h
Stückzahlen:	19

Aston Martin DB4 Vantage

Mit der Teilnahme an der Motorshow in Paris und London 1961 präsentierte Aston Martin wieder eine Vantage-Version. Als Antrieb diente die neue »Special-Series«-Variante des 3.7-litre, der sich durch seine drei S.U.-Vergaser und einem »High-Compression«-Zylinderkopf mit größeren Ventilen von der Standard-Variante unterschied. Für eine bessere Aerodynamik versah man die in den Kotflügeln versenkten Scheinwerfer mit Plexiglas-Abdeckungen. Der »Special-Series«-Motor war als Option auch für den Basis-Saloon verfügbar, der dann aber nicht den Zusatz »Vantage« erhielt, sondern DB4SS (»Special Series«) genannt wurde. Dies war aber keine offizielle Bezeichnung, weshalb er hier auch nicht als eigenständiges Modell aufgeführt wird. (Beim Serienwechsel übernahm der Vantage die Modifikationen des Saloon – siehe Anmerkungen.)

Modell:	DB4 Vantage
Produktionszeit:	1961–1963
Zylinder:	Reihen-6
Bohrung x Hub:	92 x 92 mm
Hubraum:	3670 ccm
PS bei U/min:	266 / 5750
Nm bei U/min:	346 / 4500
Verdichtung:	9 : 1
Ventilbetätigung:	2 ohc
Gemischaufber.:	3 SU HD8 Vergaser
Getriebe:	4 V, 1 R, Synchrongetriebe
Karosserie:	Aluminium auf Stahlrohrstruktur
Chassis:	Plattformrahmen (Stahl)
Fahrwerk vorne:	Einzelradaufh., Schraubenfedern
Fahrwerk hinten:	Starrachse, Schraubenfedern
Bremse:	Scheiben v/h, mit Servo
Radstand:	2490 mm
Maße (L x B x H):	4480 (4570) x 1680 x 1320 mm
Bereifung/Felgen:	6.00 x 16 (6.70 x 15), Speichen
Leergewicht:	1406 (1420) kg
Höchstgeschw.:	240 km/h
Stückzahlen:	Series 4: 44, Series 5: 88
Anmerkungen:	Änderung Series 4 zu 5 in Klammern

Aston Martin DB4 Vantage GT

Er war ein echter Wolf im Schafspelz: Mit Einführung der dritten Serie des Saloon 1961 konnte jedermann, der über die entsprechenden finanziellen Mittel verfügte, bei Bestellung seines DB4 Saloon den Sechszylinder des DB4GT als aufpreispflichtiges Extra installieren lassen. Offenbar stand aber vielen potentiellen Kunden die elegante Form zu sehr im Widerspruch zu den martialischen Fahrleistungen, was die geringe Stückzahl von nur 11 Exemplaren in drei Serien erklären könnte. Dies macht den Vantage GT damit zum seltensten Serien-DB4 aller Zeiten. Kurioserweise erhielten nicht alle Vantage GT die Front mit den abgedeckten Scheinwerfern, sondern blieben äußerlich ein normaler Saloon. (Beim Serienwechsel übernahm der Vantage GT die Modifikationen des Saloon & Vantage Saloon – siehe Anmerkungen)

Modell:	DB4 Vantage GT
Produktionszeit:	1961–1963
Zylinder:	Reihen-6
Bohrung x Hub:	92 x 92 mm
Hubraum:	3670 ccm
PS bei U/min:	302 / 6000
Nm bei U/min:	366 / 5400
Verdichtung:	9 : 1
Ventilbetätigung:	2 ohc
Gemischaufber.:	3 Weber 45 DCO4 Vergaser
Getriebe:	4 V, 1 R, Synchrongetriebe
Karosserie:	Aluminium auf Stahlrohrstruktur
Chassis:	Plattformrahmen (Stahl)
Fahrwerk vorne:	Einzelradaufh., Schraubenfedern
Fahrwerk hinten:	Starrachse, Schraubenfedern
Bremse:	Scheiben v/h, mit Servo
Radstand:	2490 mm
Maße (L x B x H):	4480 (4570) x 1680 x 1320 mm
Bereifung/Felgen:	6.00 x 16 (6.70 x 15), Speichen
Leergewicht:	1406 (1422) kg
Höchstgeschw.:	240 km/h
Stückzahlen:	11
Anmerkungen:	Änderung Series 4 zu 5 in Klammern

Aston Martin DB4 Convertible

Wegen des Verdeckkastens wurde beim DB4 Convertible die Rückenlehne der hinteren Sitze steiler gestellt und dünner gepolstert, sowie der Tank zweigeteilt und in die hinteren Kotflügel eingefügt. Danach verlegte man die Batterie unter die Rücksitzbank und das Bordwerkzeug neben die Mulde des Reserverades. Um die stärkere Verwindung der Karosserie durch das fehlende Dach zu minimieren, wurden die vordere und hintere Spritzwand, wie auch die Seitenschweller, verstärkt. Auffällig war die erhöhte Windschutzscheibe, um die Insassen bei geöffnetem Verdeck besser vor dem Fahrtwind zu schützen. Ab Serie 5 stand auch ein Stahl-Hardtop zur Verfügung. Beim Serienwechsel übernahm das Convertible die Modifikationen des Saloon. Im Gegensatz zu diesem konnte das gesamte Armaturenbrett des Convertible in Wagenfarbe lackiert bestellt werden.

Modell:	DB4 Convertible
Produktionszeit:	1961–1963
Zylinder:	Reihen-6
Bohrung x Hub:	92 x 92 mm
Hubraum:	3670 ccm
PS bei U/min:	240 / 5500
Nm bei U/min:	324 / 4250
Verdichtung:	8,25 : 1
Ventilbetätigung:	2 ohc
Gemischaufber.:	2 SU HD8 Vergaser
Getriebe:	4 V, 1 R, Synchrongetriebe
Karosserie:	Aluminium auf Stahlrohrstruktur
Chassis:	Plattformrahmen (Stahl)
Fahrwerk vorne:	Einzelradaufh., Schraubenfedern
Fahrwerk hinten:	Starrachse, Schraubenfedern
Bremse:	Scheiben v/h, mit Servo
Radstand:	2490 mm
Maße (L x B x H):	4480 (4570) x 1680 x 1345 mm
Bereifung/Felgen:	6.00 x 16 (6.70 x 15), Speichen
Leergewicht:	1429 (1445) kg
Höchstgeschw.:	220 km/h
Stückzahlen:	70 (inkl. 32 mit SS- & 1 mit GT-Motor)
Anmerkungen:	Änderung Series 4 zu 5 in Klammern

Aston Martin DB5 Saloon

Lediglich an diskreten Veränderungen am Heck und einem (erstmalig) dort angebrachten Schriftzug (nach einigen Exemplaren auch seitlich zwischen Frontkotflügel und Türausschnitt), war der DB5 von seinem direkten Vorgänger (DB4 der 5. Serie) zu unterscheiden. Doch die bemerkenswertesten Neuerungen vollzogen sich unter dem Blechkleid aus Magnesium-Aluminium. Der Hauptgrund, eine neue Modellreihe ins Leben zu rufen, dürfte der Einsatz des 4-litre aus dem glücklosen Lagonda Rapide gewesen sein. Aston Martin war zur Ansicht gelangt, dass die Leistungsausbeute des 3.7-litre genug ausgereizt sei, wollte man seine hart erkämpfte Zuverlässigkeit nicht wieder aufs Spiel setzen. Gleichzeitig strebte man aus Gründen des Fahrkomforts die Abstimmung des größeren Motors auf einen breiteren Drehmomentverlauf an. Weitere Änderungen waren ein optimierter Auspuffkrümmer, ein größerer Luftfilter und eine weichere Motoraufhängung in Verbindung mit einem hydraulischen Dämpfer, um zuvor aufgetretene Schwingungen des Motors zu eliminieren. Als erster Wagen aus britischer Produktion erhielt der DB5 eine leistungsfähigere Drehstrom-Lichtmaschine, um den erhöhten Strombedarf für die neuen, zusätzlichen Stromverbraucher (elektrische Fensterheber, Leselampen, Warnlampen in den Türen etc.) zu decken. Erstmalig konnte man statt des bisherigen 4-Gang-Getriebes (optional mit Overdrive) aus der David Brown-Fertigung, und der Dreigang-Automatik von Borg-Warner, auch ein manuelles 5-Gang-Getriebe des deutschen Herstellers ZF wählen, welches bald darauf in die Grundausstattung übernommen wurde. Die aus dem Lagonda stammende Automatik harmonierte mit dem Drehmomentverlauf des Sechszylinders nur wenig und wechselte oft nervös die Stufen. Ausgetauscht wurde auch die Bremsanlage

Aston Martin DB5 Saloon

von Dunlop. Sie wich einer aus dem Hause Girling, die schon im DB4GT ihre verzögernde Wirkung tat. Für deren Unterstützung waren zwei Bremskraftverstärker, jeweils für Vorder- und Hinterachse, vorgesehen. Noch ruhiger lief der DB5 durch zwei zusätzliche Schalldämpfer, während die Heizung schneller und stärker durch einen zweiten Wärmetauscher auf Temperatur kam. Serienmäßig waren fortan alle Scheiben grün getönt. Ebenfalls aus dem Lagonda Rapide stammte die zweistufig arbeitende Klimaanlage. Diese wanderte unter die Hutablage, wo der dort normalerweise hängend platzierte Tank zweigeteilt und in den Kotflügeln untergebracht wurde. Daher erhielt der DB5, wie zuvor das DB4 Convertible, die beiden praktischen Einfüllstutzen für die zwei 8-Gallonen-Tanks.

Modell:	DB5 Saloon
Produktionszeit:	1963–1965
Zylinder:	Reihen-6
Bohrung x Hub:	98 x 92 mm
Hubraum:	3995 ccm
PS bei U/min:	282 / 5500
Nm bei U/min:	380 / 4500
Verdichtung:	8,9 : 1
Ventilbetätigung:	2 ohc
Gemischaufber.:	3 SU HD8 Vergaser
Getriebe:	4 (5) V, 1 R, Synchrongetriebe
Karosserie:	Aluminium auf Stahlrohrstruktur
Chassis:	Plattformrahmen (Stahl)
Fahrwerk vorne:	Einzelradaufh., Schraubenfedern
Fahrwerk hinten:	Starrachse, Schraubenfedern
Bremse:	Scheiben v/h, mit Servo
Radstand:	2490 mm
Maße (L x B x H):	4570 x 1680 x 1320 mm
Bereifung/Felgen:	6.70 x 15, Speichen
Leergewicht:	1466 kg
Höchstgeschw.:	225 km/h
Stückzahlen:	833

Aston Martin DB5 Vantage

Ab dem Sommer 1964 konnte man gegen Aufpreis eine Vantage-Version des DB5 ordern. Als Hinweis wurde ein diskreter Vantage-Schriftzug auf der verchromten Strebe der seitlichen Motorraum-Entlüftung angebracht – dies allerdings erst einige Monate nach Modelleinführung, weshalb nicht alle Vantage das entsprechende Emblem tragen. Im alltäglichen Fahrbetrieb, speziell innerstädtisch, hatten die Weber-Vergaser allerdings ihre Probleme. Sie sorgten für einen schwächeren Durchzug des Motors im Bereich unterhalb von 1500 U/min, sprachen nach längerer, untertouriger Fahrt zunehmend unwilliger an und sorgten für verrußte Zündkerzen. Um die Mehrleistung auch sicher im Griff zu haben, erhielt die Bremsanlage des Vantage einen »Vakuum-Speicher«, der die Bremswirkung verstärkte.

Modell:	DB5 Vantage
Produktionszeit:	1964–1965
Zylinder:	Reihen-6
Bohrung x Hub:	98 x 92 mm
Hubraum:	3995 ccm
PS bei U/min:	314 / 5750
Nm bei U/min:	393 / 4500
Verdichtung:	8,9 : 1
Ventilbetätigung:	2 ohc
Gemischaufber.:	3 Weber 45 DCOE9 Vergaser
Getriebe:	4 (5) V, 1 R, Synchrongetriebe
Karosserie:	Aluminium auf Stahlrohrstruktur
Chassis:	Plattformrahmen (Stahl)
Fahrwerk vorne:	Einzelradaufh., Schraubenfedern
Fahrwerk hinten:	Starrachse, Schraubenfedern
Bremse:	Scheiben v/h, mit Servo
Radstand:	2490 mm
Maße (L x B x H):	4570 x 1680 x 1320 mm
Bereifung/Felgen:	6.70 x 15, Speichen
Leergewicht:	1466 kg
Höchstgeschw.:	238 km/h
Stückzahlen:	65

Aston Martin DB5 Convertible

Ab Mai 1964 wartete Aston Martin auch mit einer Convertible-Variante des DB5 auf. Wie für den offenen DB4, so war auch für das DB5 Convertible ein Stahl-Hardtop mit Panorama-Heckscheibe und ein Armaturenbrett in Wagenfarbe lieferbar. Ebenso hatte man die Windschutzscheibe zum Schutz der Haartracht nach oben etwas verlängert. Wie beim Saloon konnte man auch beim Convertible statt der Standard-Motorisierung die leistungssteigernde Vantage-Variante gegen Aufpreis erhalten, wovon sieben Käufer Gebrauch machten (Exemplare mit dieser Option sind allerdings keine »Vantage Convertible«). Ein Convertible wurde zusätzlich mit einem Doppelzündung-Zylinderkopf ausgerüstet.

Modell:	DB5 Convertible
Produktionszeit:	1964–1965
Zylinder:	Reihen-6
Bohrung x Hub:	98 x 92 mm
Hubraum:	3995 ccm
PS bei U/min:	282 / 5500
Nm bei U/min:	380 / 4500
Verdichtung:	8,9 : 1
Ventilbetätigung:	2 ohc
Gemischaufber.:	3 SU HD8 Vergaser
Getriebe:	4 (5) V, 1 R, Synchrongetriebe
Karosserie:	Aluminium auf Stahlrohrstruktur
Chassis:	Plattformrahmen (Stahl)
Fahrwerk vorne:	Einzelradaufh., Schraubenfedern
Fahrwerk hinten:	Starrachse, Schraubenfedern
Bremse:	Scheiben v/h, mit Servo
Radstand:	2490 mm
Maße (L x B x H):	4570 x 1680 x 1337 mm
Bereifung/Felgen:	6.70 x 15, Speichen
Leergewicht:	1466 kg
Höchstgeschw.:	220 km/h
Stückzahlen:	123

Aston Martin DB5 Shooting Brake

Für den Besitzer Aston Martins, David Brown, fertigten dessen Tickford-Karosseriebauer in Newport Pagnell einen DB5 mit Kombi-Aufbau an: Den legendären Shooting Brake. Allerdings war dessen Herstellung exorbitant teuer, weswegen es bei einem Einzelstück für den Chef bleiben sollte. Trotzdem wollte man die interessierte Kundschaft keinesfalls verprellen. Fündig wurde man beim Karosseriebauer Radford in London. Nachdem man sich handelseinig wurde, lieferte Aston Martin bis 1965 insgesamt 12 fertiggestellte (!) DB5-Modelle für den Kombiumbau. Allerdings litten alle Radford-Astons im hinteren Teil unter mangelnder Stabilität des Aufbaus. Radford hatte das Superleggera-Verfahren mangels Lizenz nicht angewandt, wodurch die gesamte Statik der Karosserie, die ganz auf das Touring-Patent abgestimmt war, beeinträchtigt wurde.

Modell:	DB5 Shooting Brake
Produktionszeit:	1964–1965
Zylinder:	Reihen-6
Bohrung x Hub:	98 x 92 mm
Hubraum:	3995 ccm
PS bei U/min:	282 / 5500
Nm bei U/min:	380 / 4500
Verdichtung:	8,9 : 1
Ventilbetätigung:	2 ohc
Gemischaufber.:	3 SU HD8 Vergaser
Getriebe:	4 (5) V, 1 R, Synchrongetriebe
Karosserie:	Aluminium auf Stahlrohrstruktur
Chassis:	Plattformrahmen (Stahl)
Fahrwerk vorne:	Einzelradaufh., Schraubenfedern
Fahrwerk hinten:	Starrachse, Schraubenfedern
Bremse:	Scheiben v/h, mit Servo
Radstand:	2490 mm
Maße (L x B x H):	4570 x 1680 x 1337 mm
Bereifung/Felgen:	6.70 x 15, Speichen
Leergewicht:	1588 kg
Höchstgeschw.:	235 km/h
Stückzahlen:	13 (inkl. 1 Tickford-Exemplar)

Aston Martin »Short Chassis« Volante

Zu den 123 DB5 Convertibles wurden nach 1965, dem letzten Baujahr des DB5 und Präsentationsjahr des DB6, zusätzlich 37 Cabriolets auf überproduzierte DB5-Chassis aufgebaut. Sie erhielten optische Merkmale des neuen DB6 und wurden anschließend »Volante« (italienisch für »fliegen«) getauft. Da die alten DB5-Chassis kürzer waren, als die auf dem DB6 basierenden Volante, bekamen diese 37 ersten Volante den inoffiziellen Zusatz »Short Chassis«. Leicht erkennbar ist diese Version an der vergitterten Zusatzöffnung für den Ölkühler unterhalb des Kühlergrills, der zweigeteilten Front- und Heckstoßstange, sowie Heckleuchten, die auch an diversen Triumph-Fahrzeugen zu finden waren. Zwei der »Short Chassis« Volante wurden mit der Vantage-Maschine ausgeliefert. 13 bekamen eine Automatik installiert.

Modell:	»Short Chassis« Volante
Produktionszeit:	1965–1966
Zylinder:	Reihen-6
Bohrung x Hub:	98 x 92 mm
Hubraum:	3995 ccm
PS bei U/min:	282 / 5500
Nm bei U/min:	380 / 4500
Verdichtung:	8,9 : 1
Ventilbetätigung:	2 ohc
Gemischaufber.:	3 SU HD8 Vergaser
Getriebe:	5 V, 1 R, Synchrongetriebe
Karosserie:	Aluminium auf Stahlrohrstruktur
Chassis:	Plattformrahmen (Stahl)
Fahrwerk vorne:	Einzelradaufh., Schraubenfedern
Fahrwerk hinten:	Starrachse, Schraubenfedern
Bremse:	Scheiben v/h, mit Servo
Radstand:	2490 mm
Maße (L x B x H):	4570 x 1680 x 1337 mm
Bereifung/Felgen:	6.70 x 15, Speichen
Leergewicht:	1466 kg
Höchstgeschw.:	225 km/h
Stückzahlen:	37

Aston Martin DB6 Saloon

Als der DB6 auf den Motor Shows in Paris und London 1965 erstmals zur Schau gestellt wurde, fiel das Echo darauf recht zwiespältig aus. Überwiegend an der Heckgestaltung schieden sich die Geister. Dieses messerscharf endende »Kamm-Heck«, mit einer aufgesetzten, kurz ansteigenden Abrisskante, erhöhte den Anpressdruck auf die Hinterachse, womit das Fahrzeug bei Geschwindigkeiten über 200 km/h zusätzliche Stabilität gewann. (Aston Martin hatte bereits zwei Jahre zuvor durch das DB4GT-Rennwagen-Projekt DP215 Erfahrungen mit dieser aerodynamischen Hilfe sammeln können). Mit dem Kamm-Heck bot der DB6 einen besseren Strömungsverlauf, der ihn schneller als den DB5 machte, obwohl er mehr als dieser wog. Aston Martins Blick ging bei der Entwicklung des DB6 zunehmend in Richtung des amerikanischen Marktes und den dort herrschenden Erfordernissen. So erhielt der DB6 als erster Aston Martin überhaupt ab 1966 eine Servolenkung – zunächst gegen Zuzahlung, dann serienmäßig. Auch eine »Air-Condition« war gegen Aufpreis erhältlich. Für die komfortbewussten Kunden war zuvor die 3-Gang-Automatik von Borg-Warner, die beim DB5 alles andere als Beifallsstürme ausgelöst hatte, gegen das neue Modell »No. 8« getauscht worden. Zusätzlich konnte man nun sogar ohne Aufpreis zwischen der neuen (und nachfolgend noch heftiger kritisierten) Automatik und dem überarbeiteten ZF 5-Gang-Getriebe wählen. Die Einscheiben-Kupplung von Laycock-de-Normanville wurde durch eine Borg-&-Beck-Kupplung ersetzt. Ebenfalls auf Wunsch und ohne Aufpreis konnte man Chromspeichenräder, ein Differential mit begrenztem Schlupf, eine beheizbare Heckscheibe und eine elektrische Antenne plus Blaupunkt-Radio ordern. Das Radio war im Übrigen das einzige, wofür ein amerikanischer Kunde zahlen musste. Der Rest war »all inclusive«! Serienmäßig waren nun auch die in ihrer Härte verstellbaren

Aston Martin DB6 Saloon

»Selectaride«-Stoßdämpfer. Im Inneren gab es neu profilierte Sitze, einen einteiligen Dachhimmel und einen größeren Kofferraum. Durch den verlängerten Radstand, die modifizierte Hinterachsaufhängung und das erhöhte Dach wurden die Mitfahrer auf den Rücksitzen des DB6 mit mehr Platz in Kopf-, Schulter- und Fußbereich (rund 10 cm mehr Beinfreiheit) verwöhnt. Der Motor des DB6 wurde unverändert aus dem DB5 übernommen. Obwohl kein »Superleggera«-Werkzeug mehr benutzt und das DB6-Heck, im Gegensatz zum DB5, in dieser Bauweise auch nicht mehr gefertigt wurde, montierte man noch bis 1967 die Superleggera-Schriftzüge auf die Ränder der Motorhauben. Erst mit dem Konkurs des Lizenzgebers Tourings im gleichen Jahr entfielen auch die Embleme.

Modell:	DB6 Saloon
Produktionszeit:	1965–1969
Zylinder:	Reihen-6
Bohrung x Hub:	98 x 92 mm
Hubraum:	3995 ccm
PS bei U/min:	282 / 5500
Nm bei U/min:	380 / 4500
Verdichtung:	8,9 : 1
Ventilbetätigung:	2 ohc
Gemischaufber.:	3 SU HD8 Vergaser
Getriebe:	5 V, 1 R, Synchrongetriebe
Karosserie:	Aluminium auf Stahlstruktur
Chassis:	Plattformrahmen (Stahl)
Fahrwerk vorne:	Einzelradaufh., Schraubenfedern
Fahrwerk hinten:	Starrachse, Schraubenfedern
Bremse:	Scheiben v/h, mit Servo
Radstand:	2585 mm
Maße (L x B x H):	4620 x 1680 x 1360 mm
Bereifung/Felgen:	6.70 x 15, Speichen
Leergewicht:	1474 kg
Höchstgeschw.:	229 km/h
Stückzahlen:	903

Aston Martin DB6 Vantage

Ohne Aufpreis, allerdings auch ohne Nachlass, konnten Kunden zwischen dem hochgerüsteten Vantage-Triebwerk mit drei Weber-Doppelvergasern und der kultivierter agierenden Version mit drei SU-Vergasern wählen. Die Vantage-Maschine wurde mit Bauteilen des DB4GT-Motors, geänderten Steuerzeiten und fetteren Düsen in den drei Doppelvergasern auf über 325 PS gebracht. Vermutlich aus Kostengründen wurde ein Jahr später die Einlassnockenwelle neu profiliert, damit Standard-Ventile verwendet werden konnten. Die Leistungsausbeute soll dies aber nicht geschmälert haben, da vom Werk auch weiterhin 325 PS für die Vantage-Variante angegeben wurde. Wie beim DB5 Vantage, so findet sich auch hier ein »Vantage«-Emblem auf der Chromstrebe der Motorraumentlüftung.

Modell:	DB6 Vantage
Produktionszeit:	1965–1969
Zylinder:	Reihen-6
Bohrung x Hub:	98 x 92 mm
Hubraum:	3995 ccm
PS bei U/min:	325 / 5750
Nm bei U/min:	393 / 4500
Verdichtung:	9,4 : 1
Ventilbetätigung:	2 ohc
Gemischaufber.:	3 Weber 45 DCOE9 Vergaser
Getriebe:	5 V, 1 R, Synchrongetriebe
Karosserie:	Aluminium auf Stahlstruktur
Chassis:	Plattformrahmen (Stahl)
Fahrwerk vorne:	Einzelradaufh., Schraubenfedern
Fahrwerk hinten:	Starrachse, Schraubenfedern
Bremse:	Scheiben v/h, mit Servo
Radstand:	2585 mm
Maße (L x B x H):	4620 x 1680 x 1360 mm
Bereifung/Felgen:	6.70 x 15, Speichen
Leergewicht:	1474 kg
Höchstgeschw.:	238 km/h
Stückzahlen:	417

Aston Martin DB6 Shooting Brake

Ganz offiziell wurde von Werkseite erneut eine Kombi-Version angeboten, diesmal auf Basis des DB6 Saloon. Und wieder wurde für den Umbau Radford in London beauftragt, der Aston Martins Abkehr vom »Superleggera«-Prinzip begrüßt haben dürfte. Dies erlaubte ihm einen nahtlosen Übergang seines Anbaus in die Stahl-Unterstruktur der Saloon-Karosserie, was den Radford-DB6-Shooting-Brake deutlich verwindungssteifer machte, als seinen in dieser Hinsicht problematischen »Superleggera«-Vorgänger DB5. Zu den sieben Radford-Kombis (drei davon mit Vantage-Antrieb) kam noch ein DB6 Saloon, der nachträglich bei F.L.M.-Panelcraft zum Kombi umgebaut wurde (siehe Abbildung). Dies allerdings optisch weniger überzeugend, als jene aus der Radford'schen Fertigung.

Modell:	DB6 Shooting Brake
Produktionszeit:	1965–1969
Zylinder:	Reihen-6
Bohrung x Hub:	98 x 92 mm
Hubraum:	3995 ccm
PS bei U/min:	282 / 5500
Nm bei U/min:	380 / 4500
Verdichtung:	8,9 : 1
Ventilbetätigung:	2 ohc
Gemischaufber.:	3 SU HD8 Vergaser
Getriebe:	5 V, 1 R, Synchrongetriebe
Karosserie:	Aluminium auf Stahlstruktur
Chassis:	Plattformrahmen (Stahl)
Fahrwerk vorne:	Einzelradaufh., Schraubenfedern
Fahrwerk hinten:	Starrachse, Schraubenfedern
Bremse:	Scheiben v/h, mit Servo
Radstand:	2585 mm
Maße (L x B x H):	4620 x 1680 x 1360 mm
Bereifung/Felgen:	6.70 x 15, Speichen
Leergewicht:	n/a
Höchstgeschw.:	n/a
Stückzahlen:	8 (inkl. 1 F.L.M.-Exemplar)

Aston Martin (Mk.1) Volante

Die neue Volante-Version, die auf dem Chassis des DB6 Saloon basierte, unterschied sich deutlich vom »Short-Chassis«-Volante durch das Kamm-Heck und den längeren Radstand. Eine absolute Neuheit war die Verdeckmechanik, die nun per Elektro-Motor und Hydraulik bewegt werden konnte – erdacht, entwickelt und hergestellt von Aston Martin. Ein paar Jahre später übernahm Rolls-Royce für den Corniche diese Art der Verdeckbetätigung. Probleme gab es mit den »Selectaride«-Stoßdämpfern in der »Soft«-Stellung. Diese ließen bei hohem Tempo und leicht unebener Fahrbahn die Auspuffanlage des Volante mehrfach Grundberührung erleiden.

Modell:	(Mk.1) Volante
Produktionszeit:	1966–1969
Zylinder:	Reihen-6
Bohrung x Hub:	98 x 92 mm
Hubraum:	3995 ccm
PS bei U/min:	282 / 5500
Nm bei U/min:	380 / 4500
Verdichtung:	8,9 : 1
Ventilbetätigung:	2 ohc
Gemischaufber.:	3 SU HD8 Vergaser
Getriebe:	5 V, 1 R, Synchrongetriebe
Karosserie:	Aluminium auf Stahlstruktur
Chassis:	Plattformrahmen (Stahl)
Fahrwerk vorne:	Einzelradaufh., Schraubenfedern
Fahrwerk hinten:	Starrachse, Schraubenfedern
Bremse:	Scheiben v/h, mit Servo
Radstand:	2585 mm
Maße (L x B x H):	4620 x 1680 x 1360 mm
Bereifung/Felgen:	6.70 x 15, Speichen
Leergewicht:	1467 kg
Höchstgeschw.:	n/a
Stückzahlen:	140 (inkl. 29 Vantage)

Aston Martin DB6 Mk.2 Saloon

Um aus Kostengründen möglichst viele Bauteile des DBS auch für den DB6 zu verwenden, erhielt dieser im Sommer 1969 die breiteren Reifen des DBS. Gleichzeitig wurden die Radläufe der Kotflügel nach außen gewölbt, um in scharf gefahrenen Kurven bei hoher Zuladung Kontakt zwischen Reifen und Karosserie zu vermeiden. Zudem bekam er einen überarbeiteten Innenraum mit den Sitzen des DBS und die ZF-Servolenkung serienmäßig. Ebenso überarbeitet waren das manuelle und das (serienmäßige) automatische Getriebe. Für diese leicht abgeänderte DB6-Version erwog man sogar eine Umbennenung in DB7. Da die Änderungen aber letzten Endes dafür doch zu gering ausfielen, beließ man es bei DB6, fügte aber das ergänzende Kürzel Mk.2 an.

Modell:	DB6 Mk.2 Saloon
Produktionszeit:	1969–970
Zylinder:	Reihen-6
Bohrung x Hub:	98 x 92 mm
Hubraum:	3995 ccm
PS bei U/min:	282 / 5500
Nm bei U/min:	380 / 4500
Verdichtung:	8,9 : 1
Ventilbetätigung:	2 ohc
Gemischaufber.:	3 SU HD8 Vergaser
Getriebe:	5 V, 1 R, Synchrongetriebe
Karosserie:	Aluminium auf Stahlstruktur
Chassis:	Plattformrahmen (Stahl)
Fahrwerk vorne:	Einzelradaufh., Schraubenfedern
Fahrwerk hinten:	Starrachse, Schraubenfedern
Bremse:	Scheiben v/h, mit Servo
Radstand:	2585 mm
Maße (L x B x H):	4620 x 1680 x 1360 mm
Bereifung/Felgen:	8.15 x 15, Speichen
Leergewicht:	1500 kg
Höchstgeschw.:	226 km/h
Stückzahlen:	169

Aston Martin (Mk.2) Volante

Zeitgleich auf den Markt gebracht, übernahm der neue (Mk.2) Volante alle Modifikationen des Mk.2 Saloon. Prominentester Mk.2-Volante-Kunde war HRH Charles, Prince of Wales. Nach erfolgreicher Absolvierung seiner Führerscheinprüfung erhielt er zu seinem 21. Geburtstag seinen ersten Aston Martin als standesgemäßes Geschenk von seiner Mutter. Bis heute ist Prince Charles ein treuer Aston-Martin-Fahrer; er besitzt seinen ersten Volante – genannt »The Old Lady« – in Seychellen-Blau-Metallic noch immer. Von den insgesamt 38 gefertigten Volante wurde nur in einem die elektronische AE-Brico Benzineinspritzung installiert.

Modell:	(Mk.2) Volante
Produktionszeit:	1969–1970
Zylinder:	Reihen-6
Bohrung x Hub:	98 x 92 mm
Hubraum:	3995 ccm
PS bei U/min:	282 / 5500
Nm bei U/min:	380 / 4500
Verdichtung:	8,9 : 1
Ventilbetätigung:	2 ohc
Gemischaufber.:	3 SU HD8 Vergaser
Getriebe:	5 V, 1 R, Synchrongetriebe
Karosserie:	Aluminium auf Stahlstruktur
Chassis:	Plattformrahmen (Stahl)
Fahrwerk vorne:	Einzelradaufh., Schraubenfedern
Fahrwerk hinten:	Starrachse, Schraubenfedern
Bremse:	Scheiben v/h, mit Servo
Radstand:	2585 mm
Maße (L x B x H):	4620 x 1680 x 1360 mm
Bereifung/Felgen:	8.15 x 15, Speichen
Leergewicht:	1490 kg
Höchstgeschw.:	n/a
Stückzahlen:	38 (inkl. 12 Vantage)

Aston Martin DB6 Mk.2 Vantage

Wie beim Mk.1, so konnte der Kunde auch beim Mk.2 frei zwischen dem Standard- oder dem Vantage-Antrieb wählen. Jene Exemplare mit Vantage-Aufrüstung sind am Schriftzug auf der Chromstrebe der seitlichen Motorraumentlüftung identifizierbar. Die Leistung blieb gegenüber dem Mk.1-Vantage unverändert, auch sonst gab es keine Unterschiede zum Standard-Saloon.

Modell:	DB6 Mk.2 Vantage
Produktionszeit:	1969–1970
Zylinder:	Reihen-6
Bohrung x Hub:	98 x 92 mm
Hubraum:	3995 ccm
PS bei U/min:	325 / 5750
Nm bei U/min:	393 / 4500
Verdichtung:	9,4 : 1
Ventilbetätigung:	2 ohc
Gemischaufber.:	3 Weber 45 DCOE9 Vergaser
Getriebe:	5 V, 1 R, Synchrongetriebe
Karosserie:	Aluminium auf Stahlstruktur
Chassis:	Plattformrahmen (Stahl)
Fahrwerk vorne:	Einzelradaufh., Schraubenfedern
Fahrwerk hinten:	Starrachse, Schraubenfedern
Bremse:	Scheiben v/h, mit Servo
Radstand:	2585 mm
Maße (L x B x H):	4620 x 1680 x 1360 mm
Bereifung/Felgen:	8.15 x 15, Speichen
Leergewicht:	1500 kg
Höchstgeschw.:	235 km/h
Stückzahlen:	71

Aston Martin DBS

Zeit- und Kostendruck bei Aston Martin sorgten dafür, dass der DBS kein neues Chassis erhielt, sondern auf dem verlängerten und verbreiterten Rahmen des DB6 aufbauen musste. Die vom DB6 übernommene Vorderradaufhängung wurde um Querstabilisatoren ergänzt, während immerhin die Starrachse gegen die De-Dion-Achse ausgetauscht wurde. Die restlichen Teile der Radaufhängung des DB6 blieben bestehen. Als Antrieb war der neue Achtzylinder vorgesehen, der aber trotz Jahren der Entwicklung noch immer nicht produktionsreif war. So installierte Aston Martin den DB6-Motor, um aber auch gleichzeitig eine Vantage-Version ohne Aufpreis anzubieten. Die Aluminium-Blechteile der Karosserie wurden von einer Fremdfirma für Flugzeugteile ausgestanzt, vorgepresst und im Anschluss daran nach Newport Pagnell geliefert. Als der DBS mit seiner weißen Lackierung, vom Scheinwerferlicht der London Motor Show 1967 angestrahlt, neben einem DB6 vor sich hin leuchtete, wurde offensichtlich, wie gewaltig der neue Aston geraten war. Am deutlichsten zeigte sich dies an seiner Breite von über 1,80 Meter, was in erster Linie auf seine ihm eigentlich zugedachte Motorisierung mit einem breit bauenden V8 zurückzuführen war. Konsequenz: In Sachen Topspeed war der DBS erstmals in der Geschichte der Marke langsamer als sein betagter Vorgänger. Zu Beginn konnte man für den DBS eine Servolenkung von ZF gegen Aufpreis ordern. Als sich dann jedoch die Kritiken über die schwergängige Standardlenkung mehrten, wurde die vielgelobte Servolenkung in die Grundausstattung übernommen. Nur noch zwei Möglichkeiten der Transmission gab es in Form des manuel-

len ZF-Getriebes oder der 3-Gang-Automatik von Borg-Warner. Das Reserverad wurde fortan stehend vor dem Tank aufbewahrt, weshalb sich der Kofferraum wie ein Fahrstuhlschacht präsentierte: klein, schmal und sehr tief. Weil zudem nicht nur die Presse, sondern auch einige Kunden das Abblendlicht der Lucas-Scheinwerfer als zu schwach empfanden, wurden von Aston Martin auch Zusatzscheinwerfer von Cibié angeboten, die mehr Licht ins Dunkel brachten.
1970 wurde der DBS gründlich überarbeitet. Unter anderem wurde dabei die Zwangsentlüftung von der C-Säule unter die Heckscheibe verlegt, die Bleche unter der Front- und Heckpartie für weniger Auftrieb bei hohem Tempo modifiziert, die Mittelkonsole und der Instrumententräger (Holzfurnier wurde gegen Schrumpflack getauscht) neu gestaltet und die Edelstahlabdeckung der Schweller tiefer heruntergezogen. Kenner fühlten sich durch die Überarbeitung des DBS zur ergänzenden Bezeichnung »Series 2« verleitet.

Modell:	DBS Saloon
Produktionszeit:	1967–1972
Zylinder:	Reihen-6
Bohrung x Hub:	98 x 92 mm
Hubraum:	3995 ccm
PS bei U/min:	282 / 5500
Nm bei U/min:	380 / 4500
Verdichtung:	8,9 : 1
Ventilbetätigung:	2 ohc
Gemischaufber.:	3 SU HD8 Vergaser
Getriebe:	5 V, 1 R, Synchrongetriebe
Karosserie:	Aluminium auf Stahlstruktur
Chassis:	Plattformrahmen (Stahl)
Fahrwerk vorne:	Einzelradaufh., Schraubenfedern
Fahrwerk hinten:	De-Dion-Achse, Schraubenfedern
Bremse:	Scheiben v/h, mit Servo
Radstand:	2610 mm
Maße (L x B x H):	4580 x 1830 x 1330 mm
Bereifung/Felgen:	205 VR15, Speichen
Leergewicht:	1588 kg
Höchstgeschw.:	223 km/h
Stückzahlen:	491

Aston Martin DBS Vantage

Für den DBS ohne Aufpreis erhältlich war auch der Vantage-Motor des DB6 Vantage, mit der für die Steuerung der Einlassventile abgemilderten Version einer DB4GT-Nockenwelle, um einen besseren Füllungsgrad der Brennräume zu erreichen. Die Leistung wurde anschließend noch immer mit 325 PS angegeben. Es war nur das Verbessern des Drehmomentverlaufs beabsichtigt, um das höhere Eigengewicht des DBS bei Beschleunigungsvorgängen ein wenig zu kompensieren. Das übliche Vantage-Emblem auf der Chromstrebe der Motorraumentlüftung wies auf die stärkere Motorisierung hin.

Modell:	DBS Vantage
Produktionszeit:	1967–1972
Zylinder:	Reihen-6
Bohrung x Hub:	98 x 92 mm
Hubraum:	3995 ccm
PS bei U/min:	325 / 5750
Nm bei U/min:	393 / 4500
Verdichtung:	9,4 : 1
Ventilbetätigung:	2 ohc
Gemischaufber.:	3 Weber 45 DCOE9 Vergaser
Getriebe:	5 V, 1 R, Synchrongetriebe
Karosserie:	Aluminium auf Stahlstruktur
Chassis:	Plattformrahmen (Stahl)
Fahrwerk vorne:	Einzelradaufh., Schraubenfedern
Fahrwerk hinten:	De-Dion-Achse, Schraubenfedern
Bremse:	Scheiben v/h, mit Servo
Radstand:	2610 mm
Maße (L x B x H):	4580 x 1830 x 1330 mm
Bereifung/Felgen:	205 VR15, Speichen
Leergewicht:	1588 kg
Höchstgeschw.:	226 km/h
Stückzahlen:	296

Aston Martin AM Vantage

Modell:	AM Vantage
Produktionszeit:	1972–1973
Zylinder:	Reihen-6
Bohrung x Hub:	98 x 92 mm
Hubraum:	3995 ccm
PS bei U/min:	325 / 5750
Nm bei U/min:	393 / 4500
Verdichtung:	9,4 : 1
Ventilbetätigung:	2 ohc
Gemischaufber.:	3 Weber 45 DCOE9 Vergaser
Getriebe:	5 V, 1 R, Synchrongetriebe
Karosserie:	Aluminium auf Stahlstruktur
Chassis:	Plattformrahmen (Stahl)
Fahrwerk vorne:	Einzelradaufh., Schraubenfedern
Fahrwerk hinten:	De-Dion-Achse, Schraubenfedern
Bremse:	Scheiben v/h, mit Servo
Radstand:	2610 mm
Maße (L x B x H):	4620 x 1830 x 1330 mm
Bereifung/Felgen:	205 VR15, Speichen
Leergewicht:	1588 kg
Höchstgeschw.:	231 km/h
Stückzahlen:	70

Unter dem Regiment des neuen Aston-Besitzers fiel die Entscheidung für ein DBS-Facelift, um den Auftrieb an der Vorderachse weiter zu senken. Dafür zog man die Oberkante der Front weiter hinunter, damit die anströmende Luft den Bug stärker nach unten drücken konnte. Die neuen Einzel-Scheinwerfer integrierte man tiefer in die Karosserie. Die an die Tradition des DB6 anschließende Front präsentierte sich wieder mit einem breiten Kühlereinlass und den herausmodellierten »Aston-Falten«. Die nach hinten auslaufende Dachpartie wurde steiler gestellt, um den Fond-Passagieren mehr Kopffreiheit einzuräumen. Im Inneren wurden das Stereo-Cassetten-Radio und die Klimaanlage Teil der Serienausstattung. Geändert wurden neben den Lenkstockhebeln auch die Sitze. Durch die Verlängerung des Hecks konnte der Kofferraum des letzten Aston Martin mit Speichenrädern ein wenig vergrößert werden.

Aston Martin DBS V8 (Series 1)

Bei seinem Debüt auf der London-Motor-Show im Oktober 1969 erhielt Aston Martin mehr Bestellungen für das langerwartete V8-Modell, als man zunächst erfüllen konnte. Auffälligster Unterschied zum DBS waren, neben dem Typenschild und der Frontschürze, die Leichtmetall-Felgen des DBS V8, die erstmals die sonst üblichen Speichenräder ersetzten, da diese dem Drehmoment des V8 nicht mehr gewachsen waren. Es handelte sich um die ersten Leichtmetallfelgen, die für ein Serienfahrzeug entwickelt wurden. Durch ihr spezielles Design leiten die Felgen bei der Rotation aktiv Luft auf die vier innenbelüfteten Bremsscheiben. Für die Kraftübertragung zeichnete eine neue Version des ZF 5-Gang-Getriebes verantwortlich. Kurze Zeit später folgte die berühmte »Torqueflite«-Automatik von Chrysler, welche die durch den V8 überforderte Borg-Warner-Einheit ersetzte. Eine neue Servolenkung kam von AD-West; den Wendekreis von stolzen 13 Metern konnte aber auch sie nicht verringern.

Im Laufe der folgenden Monate fiel das bislang verwendete Holzlenkrad einem lederbezogenen Modell zum Opfer. Weitere Neuheiten waren ein Lenkradschloss, ein zweiter Handschuhkasten in der neu gestalteten Mittelkonsole und ab 1971 serienmäßig eine Klimaanlage neuester amerikanischer Bauart. Das Holzfurnier um die Instrumente wurde bereits kurze Zeit später als nicht mehr zeitgemäß empfunden und durch schwarzen Schrumpflack ersetzt. Zusätzliches Merkmal aller DBS-Modelle ab 1970 war die Verlegung der Zwangsentlüftung von der C-Säule unter die Heckscheibe, wo sie

Aston Martin DBS V8 (Series 1)

zwischen die beiden Klappen der Tankeinfüllstutzen platziert wurde. Durch den im Fahrbetrieb hinter dem Dach entstehenden Unterdruck konnte sie dort effizienter wirken. Ferner gab es Änderungen am Frontspoiler und der Abrisslippe am Heck, um den Anpressdruck zu verstärken. Auch der Bereich der Türschweller wurde tiefer eingezogen. Bis auf die Punkte der Motorenaufnahme blieb der DBS-Stahlrahmen für das V8-Modell unangetastet. Durch den größeren Motor kam der DBS V8 nun auch sehr nahe an die ideale Gewichtsverteilung von 50:50 – vollgetankt (95 Liter) und mit einer Person besetzt – allerdings auch auf über 1,8 Tonnen fahrfertige Masse. Mit Erscheinen des DBS V8 stellte Aston Martin die Veröffentlichung von Leistungsdaten seiner Motoren endgültig ein, solange (US-)Hersteller die schönende SAE-Messmethode und nicht die DIN-Methode als Grundlage ihrer Leistungsangaben verwendeten.
Die hier angegebene Leistung von 320 PS wurde Jahre später von Aston Martin nachgeliefert.

Modell:	DBS V8 (Series 1)
Produktionszeit:	1969–1972
Zylinder:	V8
Bohrung x Hub:	100 x 85 mm
Hubraum:	5340 ccm
PS bei U/min:	320 / 5000
Nm bei U/min:	485 / 4000
Verdichtung:	9 : 1
Ventilbetätigung:	2 x 2 ohc
Gemischaufber.:	mech. Bosch Einspritzung
Getriebe:	5 V, 1 R, Synchrongetriebe
Karosserie:	Aluminium auf Stahlstruktur
Chassis:	Plattformrahmen (Stahl)
Fahrwerk vorne:	Einzelradaufh., Schraubenfedern
Fahrwerk hinten:	De-Dion-Achse, Schraubenfedern
Bremse:	Scheiben v/h, mit Servo
Radstand:	2610 mm
Maße (L x B x H):	4580 x 1830 x 1330 mm
Bereifung/Felgen:	205 VR15, Aluminium
Leergewicht:	1723 kg
Höchstgeschw.:	257 km/h
Stückzahlen:	402
Anmerkung:	3-Stufen-Automatik wahlweise

Aston Martin AM V8 (Series 2)

Wie der DBS, so wurde auch der DBS V8 nach Übernahme Aston Martins durch die Company Developments modernisiert und mit Retuschen aus dem Windkanal versehen. Mit diesen Änderungen wirkte die Karosserie zeitgemäßer und etwas leichter, besaß mehr Spannung in der Karosserie und eine zusätzliche Prise Aggressivität, die der DBS-Karosserie gefehlt hatte. Gleich nach dem Besitzerwechsel wurden die Initialen David Browns in den Modellbezeichnungen fallen gelassen. So wurde aus dem DBS V8 der »AM V8« und aus dem Sechszylinder DBS der »AM Vantage«. Vom AM Vantage übernahm der AM V8 parallel alle inneren und äußeren Modifikationen (siehe AM Vantage).

Modell:	AM V8 (Series 2)
Produktionszeit:	1972–1973
Zylinder:	V8
Bohrung x Hub:	100 x 85 mm
Hubraum:	5340 ccm
PS bei U/min:	320 / 5000
Nm bei U/min:	485 / 4000
Verdichtung:	9 : 1
Ventilbetätigung:	2 x 2 ohc
Gemischaufber.:	mech. Bosch Einspritzung
Getriebe:	5 V, 1 R, Synchrongetriebe
Karosserie:	Aluminium auf Stahlstruktur
Chassis:	Plattformrahmen (Stahl)
Fahrwerk vorne:	Einzelradaufh., Schraubenfedern
Fahrwerk hinten:	De-Dion-Achse, Schraubenfedern
Bremse:	Scheiben v/h, mit Servo
Radstand:	2610 mm
Maße (L x B x H):	4660 x 1830 x 1330 mm
Bereifung/Felgen:	205 VR15, Aluminium
Leergewicht:	1739 kg
Höchstgeschw.:	249 km/h
Stückzahlen:	288
Anmerkung:	3-Stufen-Automatik wahlweise

Aston Martin AM V8 (Series 3)

Modell:	AM V8 (Series 3)
Produktionszeit:	1973–1978
Zylinder:	V8
Bohrung x Hub:	100 x 85 mm
Hubraum:	5340 ccm
PS bei U/min:	315 / 5000
Nm bei U/min:	488 / 4000
Verdichtung:	9 : 1
Ventilbetätigung:	2 x 2 ohc
Gemischaufber.:	4 Weber 42 DCNF Vergaser
Getriebe:	3-Stufen-Automatik
Karosserie:	Aluminium auf Stahlstruktur
Chassis:	Plattformrahmen (Stahl)
Fahrwerk vorne:	Einzelradaufh., Schraubenfedern
Fahrwerk hinten:	De-Dion-Achse, Schraubenfedern
Bremse:	Scheiben v/h, mit Servo
Radstand:	2610 mm
Maße (L x B x H):	4680 x 1830 x 1330 mm
Bereifung/Felgen:	205 VR15, Aluminium
Leergewicht:	1762 kg
Höchstgeschw.:	242 km/h
Stückzahlen:	967
Anmerkung:	Schaltgetriebe gegen Aufpreis

Die Einhaltung der US-Abgasbestimmungen gelang mit neu entwickelten Vergasern von Weber. Für diese erhielt der AM V8 der 3. Serie einen größeren Lufteinlass auf der Motorhaube. Auch erfuhr die Zwangsentlüftung eine Änderung. Diese war nun nahezu unsichtbar, da sie fortan im hinteren Spalt des Kofferraumdeckel integriert war. Im Inneren gab es besser profilierte Sitze, ein geändertes Schaltgestänge und eine Zentralverrieglung. Der Sicherungskasten wurde vom Motorraum hinter eine Klappe im Handschuhfach verlegt. In die Lederbezüge der hinteren Radhäuser integrierte man die Radio-Lautsprecher. An der vorderen Spritzwand und dem Mitteltunnel wurde die Isolation gegen Geräusche und Wärmeabstrahlung weiter verstärkt. Die Produktion wurde mit dem Konkurs Aston Martins Ende 1974 bis zum Spätsommer 1975 unterbrochen.

Aston Martin V8 Saloon (Series 4)

Die Erfahrungen, die Aston Martin mit dem 1978 präsentieren V8 Vantage sammelte, wurden zu einem Teil an den V8 Saloon weitergegeben. So erhielt die neue Series 4 beispielsweise die Edelstahl-Auspuffanlage des Vantage. Gleichzeitig wurde das Profil der vier Nockenwellen und das Design der Ventile geändert, um den Motor leiser zu machen. Die Heckpartie des Saloon wurde durch die integrierte Abrisslippe des Vantage angepasst. Front- und Heckstoßstange zierten fortan gummibeschichtete Stoßstangenhörner. Wie beim V8 Volante, so zog nun auch im V8 Saloon wieder der warme Glanz von Wurzelholz in den Innenraum ein. Ebenfalls aus dem V8 Volante stammten die Ledersitze mit geänderten Kopfstützen. Noch mehr Leder gab es für den Dachhimmel, der zuvor aus Stoff bestand. Verbessert wurde auch die Klimaanlage. Der Lufteinlass auf der Motorhaube konnte geschlossen und verkleinert werden. Ab Ende 1979 sorgte man bei allen V8-Modellen für ein leichteres Öffnen der Motorhaube durch Gasdruckfedern. Im Innenraum ergänzten im Handschuhfach angebrachte Hebel zum Entriegeln des Kofferraums und der Tankklappe, sowie Kontrolllampen für den Ausfall von Teilen der Beleuchtung die Ausstattung. Nebelschlussleuchte, Zeitschaltuhr für die Heckscheibe und Änderungen an der Sitzkonstruktion kamen ebenfalls hinzu. Ab sofort waren auch die (endlich serienmäßigen) Außenspiegel elektrisch einstellbar. Einen satten Aufpreis musste man jedoch zahlen, wollte man anstelle der inzwischen serienmäßigen Automatik das ZF-Getriebe haben. (Angeblich verlangte Chrysler für seine Automatik nur ein Zehntel dessen,

Aston Martin V8 Saloon (Series 4)

was Aston Martin für das Schaltgetriebe an ZF zahlen musste). Ebenfalls gegen Aufpreis war bei den Modellen mit Automatik-Getriebe ein Tempomat erhältlich. BBS-Aluminiumfelgen im Kreuzspeichendesign, eine optimierte Klimaanlage und ein Blaupunkt-Radio wurden ab September 1983 Standard. Das Automatikgetriebe erhielt eine Überbrückungskupplung, durch die keine Kraft mehr im Öl des Drehmomentwandlers verloren ging, wenn in der höchsten Stufe gefahren wurde. Eine erneute Überarbeitung erfuhr auch der Achtzylinder, in deren Verlauf größere Ventile, geänderte Zylinderkopf-Kanäle und Ventil-Steuerzeiten, sowie neue Nockenwellenprofile und Vantage-Kolben zum Einsatz kamen. Die Kompression wurde gleichzeitig erhöht, wodurch sie die des Vantage traf, die zuvor gesenkt wurde. Das nun höhere Drehmoment lag nun früher an, während Kraftstoffverbrauch und Stickstoffausstoß sanken, was für den Verkauf in Amerika äußerst wichtig war. Bekannt ist der V8 Saloon Series 4 auch unter seinem werksinternen Entwicklungscode »Oscar India«.

Modell:	V8 Saloon (Series 4)
Produktionszeit:	1978–1986
Zylinder:	V8
Bohrung x Hub:	100 x 85 mm
Hubraum:	5340 ccm
PS bei U/min:	305 / 5500
Nm bei U/min:	488 / 4000
Verdichtung:	9,3 : 1
Ventilbetätigung:	2 x 2 ohc
Gemischaufber.:	4 Weber 42 DCNF Vergaser
Getriebe:	3-Stufen-Automatik
Karosserie:	Aluminium auf Stahlstruktur
Chassis:	Plattformrahmen (Stahl)
Fahrwerk vorne:	Einzelradaufh., Schraubenfedern
Fahrwerk hinten:	De-Dion-Achse, Schraubenfedern
Bremse:	Scheiben v/h, mit Servo
Radstand:	2610 mm
Maße (L x B x H):	4680 x 1830 x 1330 mm
Bereifung/Felgen:	235/70 VR15, Aluminium
Leergewicht:	1800 kg
Höchstgeschw.:	233 km/h
Stückzahlen:	291
Anmerkung:	Schaltgetriebe gegen Aufpreis

Aston Martin V8 Saloon (Series 5)

Am 25. Januar 1987 wurde auf der Motor Show in New York die 5. und letzte Serie des V8 Saloon präsentiert. Wie der Volante der Series 2, so erhielt auch Saloon der Series 5 die elektronische Weber-Marelli-Einspritzanlage und die flachere Motorhaube. Der neue Saloon wirkte nun noch eleganter und weniger bullig. Den Ingenieuren gelang es, bei der Modifikation des Achtzylinders auf die elektronische Einspritzung das maximale Drehmoment schon bei 3000 U/min anliegen zu lassen, was den Fahrkomfort weiter erhöhte und den Spritkonsum deutlich senkte. Da die deutschen Importbestimmungen eine Offenlegung der Motorleistung für die Zulassung verlangten, gab Aston Martin ganz offiziell 305 PS bei 5000 U/min an.

Modell:	V8 Saloon (Series 5)
Produktionszeit:	1986–1989
Zylinder:	V8
Bohrung x Hub:	100 x 85 mm
Hubraum:	5340 ccm
PS bei U/min:	305 / 5000
Nm bei U/min:	434 / 3000
Verdichtung:	9,3 : 1
Ventilbetätigung:	2 x 2 ohc
Gemischaufber.:	Weber-Marelli-Einspritzung
Getriebe:	3-Stufen-Automatik
Karosserie:	Aluminium auf Stahlstruktur
Chassis:	Plattformrahmen (Stahl)
Fahrwerk vorne:	Einzelradaufh., Schraubenfedern
Fahrwerk hinten:	De-Dion-Achse, Schraubenfedern
Bremse:	Scheiben v/h, mit Servo
Radstand:	2610 mm
Maße (L x B x H):	4680 x 1830 x 1330 mm
Bereifung/Felgen:	235/70 VR15, Aluminium
Leergewicht:	1818 kg
Höchstgeschw.:	240 km/h
Stückzahlen:	61
Anmerkung:	Schaltgetriebe wahlweise

Aston Martin V8 Vantage (Series 1)

Nachdem der Prototyp des V8 Vantage im Sommer 1976 ein Clubrennen des AMOC siegreich absolvierte und nachfolgende Verfeinerungen umgesetzt wurden, kündigte Aston Martin den V8 Vantage im Februar 1977 offiziell an. Das Mehr an Leistung des V8 wurde durch schärfere Nockenwellen, eine neue Auspuffanlage, größere Einlassventile, geänderte Einlasskrümmer und Luftfilter, sowie durch eine höhere Kompression und die größten lieferbaren Weber-Doppelvergasern erreicht. Trotz seines Leergewichts von knapp 1,8 Tonnen, konnte der Vantage seine nicht unerhebliche Masse bei Bedarf in 5,5 Sekunden von 0 auf 100 km/h wuchten. Damit übertraf er sogar noch den Porsche 911 Turbo, den Lamborghini Countach und – um eine ganze Sekunde – den Ferrari 512 BB! Unglaublich war auch seine Elastizität: Von 16 auf 160 Meilen beschleunigte der Vantage innerhalb von 22 Sekunden – im dritten Gang! Damit durfte der Vantage sich rühmen, in Sachen Beschleunigung der »Welt schnellster Seriensportwagen« zu sein, der zudem vier vollwertige Sitzplätze besaß. In der Endgeschwindigkeit kam er dicht an die magischen 170 mph heran. Das lag nicht nur an der enormen Motorleistung, sondern auch an der ausgefeilten Aerodynamik der modifizierten Karosserie, für die erneut der Windkanal zu Rate gezogen wurde. Durch die Gesetzmäßigkeit der Aerodynamik, dass jede Karosserieöffnung den Strömungsverlauf negativ beeinflusst und damit den Luftwiderstand erhöht, kam man zu dem Entschluss, den Kühlereinlass zu schließen. Fortan sollte die Luft, unterstützt durch einen mächtigen GfK-Frontspoiler, von unten in den Motorraum einströmen. Kurioserweise wurde die Kühlung des V8 damit sogar verbessert. Auf dem Kofferraumdeckel montierte man eine dreiteilige Abrisslippe, um den Anpressdruck auf die Hinter-

achse bei Höchstgeschwindigkeit zu erhöhen. Der nach hinten verlängerte Lufteinlass auf der Motorhaube wurde ebenfalls geschlossen, da diese Öffnung für die Versorgung der Vergaser mit Frischluft nicht mehr nötig war. Anfangs war es nur ein eingesetzter Stopfen, nach Fertigstellung der neuen Blechlehren für die Motorhaube war keine Öffnung mehr vorhanden. Die Cibié-Zusatzscheinwerfer, welche die ärmliche Lichtausbeute der Hauptscheinwerfer in der Fernlichtstellung unterstützten, wurden in den Einsatz des Kühlers eingefügt. Im Inneren war der Vantage, bis auf einen diskreten Schriftzug am Instrumententräger und ein kleineres Lenkrad, mit dem Saloon identisch. Der Vantage wurde offiziell nur mit dem Schaltgetriebe von ZF ausgeliefert. Drei Modelle erhielten auf ausdrücklichen Kundenwunsch die 3-Gang-Automatik, obwohl Aston Martin dafür keine Garantie übernahm. Man war der Überzeugung, dass die enorme Leistung des Vantage-Triebwerks die Automatik überfordern würde. Doch sie hielten bis auf den heutigen Tag stand.

Modell:	V8 Vantage (Series 1)
Produktionszeit:	1977–1978
Zylinder:	V8
Bohrung x Hub:	100 x 85 mm
Hubraum:	5340 ccm
PS bei U/min:	375 / 5800
Nm bei U/min:	514 / 4000
Verdichtung:	9,25 : 1
Ventilbetätigung:	2 x 2 ohc
Gemischaufber.:	4 Weber 48 IDF 2/100 Vergaser
Getriebe:	5 V, 1 R, Synchrongetriebe
Karosserie:	Aluminium auf Stahlstruktur
Chassis:	Plattformrahmen (Stahl)
Fahrwerk vorne:	Einzelradaufh., Schraubenfedern
Fahrwerk hinten:	De-Dion-Achse, Schraubenfedern
Bremse:	Scheiben v/h, mit Servo
Radstand:	2610 mm
Maße (L x B x H):	4680 x 1830 x 1330 mm
Bereifung/Felgen:	255/60 VR15, Aluminium
Leergewicht:	1762 kg
Höchstgeschw.:	270 km/h
Stückzahlen:	38

Aston Martin V8 Vantage (Series 2)

Die 2. Serie des Vantage präsentierte sich nun als harmonische Einheit, da die neuen Blechformen für das Vantage-Heck fertiggestellt waren. Fortan wurde die Abrisslippe formvollendet in die Karosserie integriert. Auch der Stopfen, der die Öffnung des Lufteinlasses auf der Motorhaube verschloss, war nicht mehr vorhanden, da der Vantage die modifizierte Motorhaube des Series 4 Saloon erhielt. Geblieben war die tief herabreichende Frontschürze aus GfK. Sie war robuster und billiger bei Randsteinkontakt. Änderungen gab es am Fahrwerk, um dessen Tendenz zum Poltern zu eliminieren und den Wagen weicher federn und besser dämpfen zu lassen. Im Innenraum übernahm der Vantage die Änderungen des Series 4 Saloon. 1983 wurden BBS-Kreuzspeichenfelgen eingeführt, auf die 275er-Pirellis aufgezogen wurden. Durch die notwendige Verbreiterung der Radläufe wuchs auch die Breite des Wagens um 6 cm.

Modell:	V8 Vantage (Series 2)
Produktionszeit:	1978–1986
Zylinder:	V8
Bohrung x Hub:	100 x 85 mm
Hubraum:	5340 ccm
PS bei U/min:	390 / 5800
Nm bei U/min:	520 / 4000
Verdichtung:	9,3 : 1
Ventilbetätigung:	2 x 2 ohc
Gemischaufber.:	4 Weber 48 IDF 2/100 Vergaser
Getriebe:	5 V, 1 R, Synchrongetriebe
Karosserie:	Aluminium auf Stahlstruktur
Chassis:	Plattformrahmen (Stahl)
Fahrwerk vorne:	Einzelradaufh., Schraubenfedern
Fahrwerk hinten:	De-Dion-Achse, Schraubenfedern
Bremse:	Scheiben v/h, mit Servo
Radstand:	2610 mm
Maße (L x B x H):	4680 x 1830 (1890) x 1330 mm
Bereifung/Felgen:	255 (275)/60 VR15, Aluminium
Leergewicht:	1800 kg
Höchstgeschw.:	270 km/h
Stückzahlen:	181

Aston Martin V8 Vantage (Series 3)

Modell:	V8 Vantage (Series 3)
Produktionszeit:	1986–1989
Zylinder:	V8
Bohrung x Hub:	100 x 85 mm
Hubraum:	5340 ccm
PS bei U/min:	400 / 6000
Nm bei U/min:	536 / 5000
Verdichtung:	9,3 : 1
Ventilbetätigung:	2 x 2 ohc
Gemischaufber.:	4 Weber 48 IDF/3 Vergaser
Getriebe:	5 V, 1 R, Synchrongetriebe
Karosserie:	Aluminium auf Stahlstruktur
Chassis:	Plattformrahmen (Stahl)
Fahrwerk vorne:	Einzelradaufh., Schraubenfedern
Fahrwerk hinten:	De-Dion-Achse, Schraubenfedern
Bremse:	Scheiben v/h, mit Servo
Radstand:	2610 mm
Maße (L x B x H):	4680 x 1890 x 1330 mm
Bereifung/Felgen:	255/50 VR15, Aluminium
Leergewicht:	1800 kg
Höchstgeschw.:	282 km/h
Stückzahlen:	137

Aston Martin stellte auf der Birmingham Motor Show am 8. Oktober 1986 den überarbeiteten V8 Vantage der 3. und letzten Serie vor, der alle Verfeinerungen im Bereich der Innenausstattung des V8 Saloons erhielt. Sogar das Automatik-Getriebe wurde für den Vantage freigegeben und offiziell feilgeboten. Die BBS-Felgen wurden allerdings gegen Produkte aus dem Hause Ronal ersetzt. Unter der Motorhaube erfuhr der Vantage durch geänderte Nockenwellenprofile, Cosworth-Rennkolben, größere Einlasskanäle und eine erhöhte Kompression eine Leistungssteigerung um 10 PS, wovon aber in erster Linie der Drehmomentverlauf profitieren sollte. Wem dies nicht ausreichend erschien, dem bot Aston Martin über seinen Works Service eine 432-PS-Option an, die vier 50-IDF-Weber-Vergaser, noch schärfere Hochhub-Nockenwellen, vergrößerte Einlasskanäle und ein erweitertes Abgassystem beinhaltete.

Aston Martin V8 Volante (Series 1)

Der V8 Volante wurde die konsequente Umsetzung des Begriffs Convertible. Er besaß keinen Überrollbügel, allerdings war sein elektrisch/hydraulisches Verdeck nicht voll versenkbar. Als nachteilig erwies sich bei geschlossenem Verdeck die schlechte Sicht nach hinten. Es gab im Fond keine Seitenscheiben, weil man sie nicht hätte versenken können. Für besseres Fernlicht erhielt der V8 Volante Zusatzscheinwerfer unter der Stoßstange, da die größeren Cibié-Scheinwerfer vorerst dem Vantage vorbehalten blieben. Unter dem Blech wurden die Schweller, das Bodenblech, die vordere Spritzwand und der Rahmen der Windschutzscheibe verstärkt. Anschließend gab man für den Volante eine gegenüber dem Saloon um 15 % höhere Verwindungsfestigkeit an, weswegen er für den Export in die USA keine Crashtests mehr absolvieren musste. (Angaben zur Ausstattung: siehe V8 Saloon Series 4).

Modell:	V8 Volante (Series 1)
Produktionszeit:	1978–1986
Zylinder:	V8
Bohrung x Hub:	100 x 85 mm
Hubraum:	5340 ccm
PS bei U/min:	305 / 5500
Nm bei U/min:	488 / 4000
Verdichtung:	9,3 : 1
Ventilbetätigung:	2 x 2 ohc
Gemischaufber.:	4 Weber 42 DCNF Vergaser
Getriebe:	3-Stufen-Automatik
Karosserie:	Aluminium auf Stahlstruktur
Chassis:	Plattformrahmen (Stahl)
Fahrwerk vorne:	Einzelradaufh., Schraubenfedern
Fahrwerk hinten:	De-Dion-Achse, Schraubenfedern
Bremse:	Scheiben v/h, mit Servo
Radstand:	2610 mm
Maße (L x B x H):	4680 x 1830 x 1371 mm
Bereifung/Felgen:	205 VR15, Aluminium
Leergewicht:	1791 kg
Höchstgeschw.:	225 km/h
Stückzahlen:	439
Anmerkung:	Schaltgetriebe gegen Aufpreis

Aston Martin V8 Volante (Series 2)

Nach achteinhalb Jahren Bauzeit gab es im Innenraum des Volante der Series 2 nur wenig sichtbare Änderungen. Dazu gehörte eine neue Heckscheibe aus Glas. Weiterhin wurde der Wirkungsgrad der Klimaanlage verbessert. Die Hauptänderungen fanden jedoch im Motorraum – wie beim V8 Saloon der Series 5 – statt. Äußerlich am auffälligsten war das fast völlige Verschwinden der Hutze in die Motorhaube. Dies war durch die Verwendung einer platzsparenden Einspritzanlage möglich, welche die hohen Vergaser verzichtbar machte. Bei geschlossenem Verdeck war das Innengeräusch des Volante etwa mit dem des Saloon vergleichbar – unter Beibehaltung des gesetzlich vorgeschriebenen Tempolimits.

Modell:	V8 Volante (Series 2)
Produktionszeit:	1986–1989
Zylinder:	V8
Bohrung x Hub:	100 x 85 mm
Hubraum:	5340 ccm
PS bei U/min:	305 / 6000
Nm bei U/min:	434 / 3000
Verdichtung:	9,3 : 1
Ventilbetätigung:	2 x 2 ohc
Gemischaufber.:	Weber-Marelli-Einspritzung
Getriebe:	3-Stufen-Automatik
Karosserie:	Aluminium auf Stahlstruktur
Chassis:	Plattformrahmen (Stahl)
Fahrwerk vorne:	Einzelradaufh., Schraubenfedern
Fahrwerk hinten:	De-Dion-Achse, Schraubenfedern
Bremse:	Scheiben v/h, mit Servo
Radstand:	2610 mm
Maße (L x B x H):	4680 x 1830 x 1371 mm
Bereifung/Felgen:	235/70 VR15, Aluminium
Leergewicht:	1818 kg
Höchstgeschw.:	233 km/h
Stückzahlen:	216
Anmerkung:	Schaltgetriebe wahlweise

Aston Martin V8 Vantage Volante

Der Vantage Volante war die Antwort auf den Kundenwunsch, Vantage-Power unter der Haube und kein Dach über dem Kopf zu haben. Neben der Übernahme der Vantage-Optik und -Technik wurde der Volante zusätzlich mit verbreiterten Radläufen und ebenso verbreiterten Schwellern ausgerüstet, was bei den konservativeren Liebhabern der Marke nicht gut ankam. In Sachen Gemischaufbereitung nutzte man vier große Weber Doppelvergaser, die dem V8 zu einer Leistung von 400 PS, oder – auf Wunsch – 432 PS verhalfen. Wie für den normalen Vantage, so war auch für den Vantage Volante auf Wunsch (aber inoffiziell) das Automatikgetriebe erhältlich. Die mögliche Höchstgeschwindigkeit des Vantage Volante lag bei geöffnetem Verdeck bei über 260 km/h. Im Jahre 1988 belegte der Vantage Volante den größten Produktionsanteil Aston Martins!

Modell:	V8 Vantage Volante
Produktionszeit:	1986–1989
Zylinder:	V8
Bohrung x Hub:	100 x 85 mm
Hubraum:	5340 ccm
PS bei U/min:	400 / 6000
Nm bei U/min:	536 / 5000
Verdichtung:	9,3 : 1
Ventilbetätigung:	2 x 2 ohc
Gemischaufber.:	4 Weber 48 IDF/3 Vergaser
Getriebe:	5 V, 1 R, Synchrongetriebe
Karosserie:	Aluminium auf Stahlstruktur
Chassis:	Plattformrahmen (Stahl)
Fahrwerk vorne:	Einzelradaufh., Schraubenfedern
Fahrwerk hinten:	De-Dion-Achse, Schraubenfedern
Bremse:	Scheiben v/h, mit Servo
Radstand:	2610 mm
Maße (L x B x H):	4680 x 1890 x 1371 mm
Bereifung/Felgen:	255/50 VR16, Aluminium
Leergewicht:	1818 kg
Höchstgeschw.:	264 km/h
Stückzahlen:	166

Aston Martin V8 Vantage Volante (PoW)

Modell:	V8 Vantage Volante (PoW)
Produktionszeit:	1986–1989
Zylinder:	V8
Bohrung x Hub:	100 x 85 mm
Hubraum:	5340 ccm
PS bei U/min:	400 / 6000
Nm bei U/min:	536 / 5000
Verdichtung:	9,3 : 1
Ventilbetätigung:	2 x 2 ohc
Gemischaufber.:	4 Weber 48 IDF/3 Vergaser
Getriebe:	5 V, 1 R, Synchrongetriebe
Karosserie:	Aluminium auf Stahlstruktur
Chassis:	Plattformrahmen (Stahl)
Fahrwerk vorne:	Einzelradaufh., Schraubenfedern
Fahrwerk hinten:	De-Dion-Achse, Schraubenfedern
Bremse:	Scheiben v/h, mit Servo
Radstand:	2610 mm
Maße (L x B x H):	4680 x 1890 x 1371 mm
Bereifung/Felgen:	255/50 VR16, Aluminium
Leergewicht:	1818 kg
Höchstgeschw.:	270 km/h
Stückzahlen:	27 (inkl. 5 »Cosmetic«-PoW)

Einen ganz speziellen Kunden gab es, dem erschien das Auftreten des Vantage Volante mit seinem ganzen Spoilerwerk zu martialisch und damit seiner gesellschaftlichen Stellung nicht angemessen. Und dieser Kunde war Prince Charles. Seinem ausdrücklichen Wunsch hin entsprechend, erhielt er seinen Vantage Volante in der leicht abgeänderten Optik des normalen Volante. Anschließend wurde dieses Sondermodell als »Vantage Volante with Prince of Wales Specifications« – kurz PoW – bezeichnet. Mit ihm herrschte absolutes Understatement bei mindestens 400 PS, was auch weniger adelige Kunden für sich gerne in Anspruch nahmen und ihren Vantage Volante in der PoW-Spezifikation bestellten. Einige gingen – wegen der restriktiven US-Abgasvorschriften – als »Cosmetic«-PoWs mit dem normalen Volante-Motor in den Export.

Aston Martin V8 Vantage Zagato

Im April 1984 nahm, 24 Jahre nach dem DB4GT Zagato, ein neues Projekt zwischen Aston Martin und Zagato Formen an. Es entstand der V8 Vantage Zagato. Eine der Vorgaben war die Bedingung, so viele Komponenten des V8 Saloon zu verwenden, wie es möglich war und es stilistisch nicht schadete. Fahrdynamisches Soll waren die psychologisch wichtigen 300 km/h. Die geplante Stückzahl des Zagato wurde auf maximal 50 Fahrzeuge limitiert, was nach Ansicht Aston Martins die ideale Balance zwischen Exklusivität und Entwicklungs- bzw. Werkzeugkosten darstellte. Wie beim DB4GT Zagato schickte Aston Martin das fahrfertige Chassis nach Italien, damit Zagato die Karosserie entwarf und sie nach alter Tradition in reiner Handarbeit aus Aluminium fertigte. Doch der neue Zagato sollte nicht nur durch sein Äußeres bestechen, er sollte auch Fahrleistungen bieten, die sogar jene des Vantage in den Schatten stellen würden. Dies bedeutete, dass der Zagato abspecken musste. Um Gewicht zu sparen, wurde er von vornherein als Zweisitzer konzipiert. Der Radstand wurde beibehalten, der Hecküberhang jedoch deutlich verringert. Dadurch geriet der Zagato ca. 30 cm kürzer als der V8 Saloon. Als Ersatzrad konnte daher auch nur noch ein Notrad untergebracht werden. Innen wie außen wurde der Zagato von geraden Linien und Winkeln geprägt. Speziell der Armaturenträger wies eine verschachtelte, eckige Optik auf. Auch das kantige Heck zeigte eine unübersehbare Anlehnung an den damals aktuellen Lagonda. Die häufigste Kritik löste die optisch sehr dominante, mächtige Hutze auf der Motorhaube aus, unter welcher die großen Weber-Ansaugstutzen residierten. Damit der Zagato bei seinen erhofften 300 km/h auch wirklich sicher und beherrschbar auf der Piste lag, konnte man auf abtriebunterstützendes Spoilerwerk nicht verzichten, auch wenn es den cw-Wert verschlechterte und damit die angepeilten 300 km/h Topspeed gefährdete. So erhielten die Serienmodelle vorn eine Frontschürze und hinten je eine Abrisslippe auf dem Kofferraum und unter der Heckschürze. Später wurde die hintere Abrisslippe

Aston Martin V8 Vantage Zagato

ein Teil des Kofferraumdeckels und in Wagenfarbe lackiert. Die getönten Glasflächen klebte man ebenfalls aus aerodynamischen Gründen auf die zierlichen Dachsäulen auf, die dadurch nahezu unsichtbar wurden. Da eine aufgeklebte Seitenscheibe nicht zu öffnen war, erhielt diese einen kleinen Ausschnitt, der elektrisch versenkbar war. Mit diesen Verfeinerungen ging Aston Martin nun daran, die Höchstgeschwindigkeit des Zagato zu überprüfen. Beim letzten Versuch im Juni 1986 wiesen die Testgeräte 298,74 km/h aus – mehr ging einfach nicht. Damit gab man sich schließlich zufrieden. Obwohl der Zagato erst im März 1986 auf dem Genfer Automobilsalon offiziell vorgestellt wurde, war er bereits Ende August 1985 durch Vorbestellungen ausverkauft.

Modell:	V8 Vantage Zagato
Produktionszeit:	1986–1988
Zylinder:	V8
Bohrung x Hub:	100 x 85 mm
Hubraum:	5340 ccm
PS bei U/min:	432 / 6000
Nm bei U/min:	542 / 5000
Verdichtung:	10,2 : 1
Ventilbetätigung:	2 x 2 ohc
Gemischaufber.:	4 Weber 48 IDF/3 Vergaser
Getriebe:	5 V, 1 R, Synchrongetriebe
Karosserie:	Aluminium auf Stahlstruktur
Chassis:	Plattformrahmen (Stahl)
Fahrwerk vorne:	Einzelradaufh., Schraubenfedern
Fahrwerk hinten:	De-Dion-Achse, Schraubenfedern
Bremse:	Scheiben v/h, mit Servo
Radstand:	2610 mm
Maße (L x B x H):	4390 x 1860 x 1295 mm
Bereifung/Felgen:	255/50 ZR16, Aluminium
Leergewicht:	1650 kg
Höchstgeschw.:	299 km/h
Stückzahlen:	52 (inkl. 2 Prototypen)

Aston Martin V8 Zagato Volante

Hauptunterschied zum Vantage Zagato war die Motorisierung. Der Volante erhielt den Einspritzer-Motor des Series 5 Saloon, womit die Hutze auf der Motorhaube entfallen konnte. Für ein besseres Anströmverhalten des Fahrtwindes wurde die Front in Höhe der Gürtellinie etwas herausgezogen, während der Kühlergrill nach hinten geneigt wurde. Gleichzeitig verschwanden die Doppelscheinwerfer hinter Lamellen, die beim Einschalten des Lichts die Scheinwerfer freigaben. (Weil sich aber viele Kunden durch das neue Design nicht angesprochen fühlten, wurden die meisten Volante mit herkömmlicher Front angefertigt.) Auf die Abrisskante am Heck und die geklebten Seitenscheiben verzichtete man, weil der Volante die Geschwindigkeiten des Vantage ohnehin nicht erreichte. Trotzdem erhielten einige Volante auf Kundenwunsch Vantage-Triebwerke und die damit fast schon Prestigestatus besitzende Beule auf der Motorhaube.

Modell:	V8 Zagato Volante
Produktionszeit:	1987–1988
Zylinder:	V8
Bohrung x Hub:	100 x 85 mm
Hubraum:	5340 ccm
PS bei U/min:	305 / 6000
Nm bei U/min:	434 / 3000
Verdichtung:	9,3 : 1
Ventilbetätigung:	2 x 2 ohc
Gemischaufber.:	Weber-Marelli-Einspritzung
Getriebe:	5 V, 1 R, Synchrongetriebe
Karosserie:	Aluminium auf Stahlstruktur
Chassis:	Plattformrahmen (Stahl)
Fahrwerk vorne:	Einzelradaufh., Schraubenfedern
Fahrwerk hinten:	De-Dion-Achse, Schraubenfedern
Bremse:	Scheiben v/h, mit Servo
Radstand:	2610 mm
Maße (L x B x H):	4480 x 1860 x 1305 mm
Bereifung/Felgen:	255/50 ZR16, Aluminium
Leergewicht:	1685 kg
Höchstgeschw.:	250 km/h
Stückzahlen:	37 (inkl. 2 Prototypen)
Anmerkung:	Automatik wahlweise

Aston Martin Virage

Der Virage war seit über 20 Jahren der erste Aston Martin, der fast vollständig von Grund auf neu entwickelt wurde. Da es beim Virage vorrangig um den US-Markt ging, bekam Astons Achtzylinder für die Einhaltung der Abgasbestimmungen vom US-Motorenspezialisten Callaway einen neuen Zylinderkopf mit 4-Ventil-Technik angepasst. Bis auf den Alu-Block, die Pleuelstangen und die Kurbelwelle wurde alles neu entwickelt. Eine Auspuffanlage mit zwei Katalysatoren kam ebenfalls hinzu, womit der Motor anschließend auf allen Weltmärkten zulassungsfähig wurde. Auf dem Prüfstand ergaben sich nach weiteren Verfeinerungen am Ende sogar 25 PS Mehrleistung. Das Chassis des Virage bestand aus einem komplett überarbeiteten und versteiften Lagonda-Rahmen, den man weniger komplex aufbaute, damit er leichter und schneller anzufertigen war. Beim Fahrwerk selbst ging man noch konsequenter zur Verwendung von Aluminium über, um das Gewicht der ungefederten Masse zu verringern und das Fahrverhalten zu verbessern. Auch gab die neue De-Dion-Hinterachskonstruktion durch verringerte und geänderte Anlenkpunkte weniger Arbeitsgeräusche an die Karosserie und den Innenraum weiter. Versetzt zu den Rädern hin wurden die zuvor innenliegenden hinteren Scheibenbremsen, was Wartung und Reparatur stark vereinfachte und mehr Platz für die Passagiere im Fond schuf. Die Bremswirkung wurde durch den Einsatz der bislang größten Scheibenbremsen von 33 cm Durchmesser noch verstärkt. Das ZF 5-Gang-Getriebe wurde ebenso beibehalten wie die Chrysler 3-Gang-Automatik. Neue fünfspeichige Aluminiumfelgen unterstrichen die schlichte Linie des Virage. Das Interieur schwelgte wieder in Leder und Holz. Gar nicht gut kam der erstmals installierte Bordcomputer bei Kunden und der Fachpresse an, die von »schrecklich grünleuchtenden Digitalanzeigen in poliertem Walnuss-Wurzelholz« sprach. Die Instrumente selbst wurden allerdings nicht von Holz umrahmt und stammten aus dem Ford-

Aston Martin Virage

Baukasten. Ebenfalls von Ford: Die beheizbare Frontscheibe, die Diebstahlwarnanlage und eine Wegfahrsperre. Mit dem Virage beginnend, erhielten außerdem alle nachfolgenden Aston-Modelle eine normale Handbremse, wie man sie in jedem Kleinwagen findet. Durch Beteiligung Fords an Aston Martin 1989 war plötzlich Kapital und Fachwissen vorhanden, die zahlreichen Kinderkrankheiten des Virage in den Folgejahren zu kurieren, was speziell sein unbefriedigendes Handling betraf. 1992 wurde ein Fahrerairbag, den der amerikanische Markt mittlerweile forderte, Standard. 1993 nahm man den Austausch der angejahrten Chrysler-Automatik gegen die modernere 4-Gang-Version mit Sport-Programm vom gleichen Hersteller vor. Neue Niederquerschnittreifen mit 17-Zoll Raddurchmesser kamen hinzu.

Modell:	Virage
Produktionszeit:	1988–1995
Zylinder:	V8
Bohrung x Hub:	100 x 85 mm
Hubraum:	5340 ccm
PS bei U/min:	330 / 6000
Nm bei U/min:	475 / 3000
Verdichtung:	9,5 : 1
Ventilbetätigung:	2 x 2 ohc, Vierventiler
Gemischaufber.:	Weber-Marelli-Einspritzung
Getriebe:	5 V, 1 R, Synchrongetriebe
Karosserie:	Aluminium auf Stahlstruktur
Chassis:	Plattformrahmen (Stahl)
Fahrwerk vorne:	Einzelradaufh., Schraubenfedern
Fahrwerk hinten:	De-Dion-Achse, Schraubenfedern
Bremse:	Scheiben v/h, mit Servo
Radstand:	2610 mm
Maße (L x B x H):	4737 x 1854 x 1321 mm
Bereifung/Felgen:	255/60 ZR16 (17), Aluminium
Leergewicht:	1790 kg
Höchstgeschw.:	250 km/h
Stückzahlen:	400
Anmerkung:	Automatik wahlweise

Aston Martin Virage Shooting Brake

Der Gegenwert eines hübschen Hauses war notwendig, wollte man den teuersten Golfcaddy der Welt besitzen. Dafür gab es jedoch eine 50/50-teilbare und umklappbare Rückenlehne, eine Laderaumabdeckung, einen Heckscheibenwischer und elektrische ausstellbare Seitenscheiben im Fond. Dessen Passagiere konnten sich durch das nach hinten angehobene Dach über 15 Zentimeter mehr Kopffreiheit freuen. Darüberhinaus vervollständigte ein zusammenfaltbares Hundegitter, Ankerpunkte für die Ladegutsicherung und ein ausziehbarer Ladeschutz für den hinteren, lackierten Stoßfänger die Ausstattung. Nicht nur mehr Kopffreiheit war beim Shooting Brake vorhanden, das Ladevolumen hatte sich gegenüber dem Coupé um das Vierfache vergrößert, obwohl noch der knapp 115 Liter große Tank untergebracht werden musste, der etwa 650 Kilometer Reichweite ermöglichte.

Modell:	Virage Shooting Brake
Produktionszeit:	1992–1995
Zylinder:	V8
Bohrung x Hub:	100 x 85 mm
Hubraum:	5340 ccm
PS bei U/min:	330 / 6000
Nm bei U/min:	475 / 3000
Verdichtung:	9,5 : 1
Ventilbetätigung:	2 x 2 ohc, Vierventiler
Gemischaufber.:	Weber-Marelli-Einspritzung
Getriebe:	3-Stufen-Automatik
Karosserie:	Aluminium auf Stahlstruktur
Chassis:	Plattformrahmen (Stahl)
Fahrwerk vorne:	Einzelradaufh., Schraubenfedern
Fahrwerk hinten:	De-Dion-Achse, Schraubenfedern
Bremse:	Scheiben v/h, mit Servo
Radstand:	2610 mm
Maße (L x B x H):	4757 x 1856 x 1320 mm
Bereifung/Felgen:	255/60 ZR16, Aluminium
Leergewicht:	1980 kg
Höchstgeschw.:	245 km/h
Stückzahlen:	5
Anmerkung:	Schaltgetriebe wahlweise

Aston Martin Limited Edition Coupé

Aston Martin hatte im Spätsommer 1994 ein eher unbedeutendes Problem: Man hatte vor der Produktionsumstellung auf das neue V8 Coupé noch Material für 9 Virage-Chassis. Da man dieses ebenfalls noch verbauen wollte, entstand daraus eine exklusive Kleinstserie der letzten Virage-Version. Modifikationen am Zylinderkopf und ein neues elektronisches Motor-Management ermöglichten eine Leistungssteigerung von 10 %. Die Ausstattung beinhaltete ABS, eine verbesserte Klimaanlage, sowie einen Fahrer- und Seitenairbag. Auf dem Armaturenbrett aus hellem Ulmenwurzelholz prangte eine Messingplakette mit der Fahrgestellnummer des Wagens und dem Namen des Käufers. Ausgeliefert wurde das Limited Edition Coupé (mit einer blauen Ausnahme) in Dunkelgrün-Metallic und braunen Ledersitzen. Als Erkennungsmerkmal erhielt es einen Kühlergrilleinsatz aus V-förmigen Lamellen.

Modell:	Limited Edition Coupé
Produktionszeit:	1994–1995
Zylinder:	V8
Bohrung x Hub:	100 x 85 mm
Hubraum:	5340 ccm
PS bei U/min:	350 / 6000
Nm bei U/min:	500 / 4300
Verdichtung:	9,75 : 1
Ventilbetätigung:	2 x 2 ohc, Vierventiler
Gemischaufber.:	Weber-Marelli-Einspritzung
Getriebe:	5 V, 1 R, Synchrongetriebe
Karosserie:	Aluminium auf Stahlstruktur
Chassis:	Plattformrahmen (Stahl)
Fahrwerk vorne:	Einzelradaufh., Schraubenfedern
Fahrwerk hinten:	De-Dion-Achse, Schraubenfedern
Bremse:	Scheiben v/h, mit Servo und ABS
Radstand:	2610 mm
Maße (L x B x H):	4737 x 1940 x 1330 mm
Bereifung/Felgen:	255/60 ZR18, Aluminium
Leergewicht:	1920 kg
Höchstgeschw.:	250 km/h
Stückzahlen:	9
Anmerkung:	Schaltgetriebe wahlweise

Aston Martin Volante

Wie sein Vorgänger, so verfügte der neue Volante ebenfalls über ein elektrisch betriebenes Verdeck mit heizbarer Heckscheibe. Zunächst als reiner Zweisitzer konzipiert, erhielt der Volante mit Produktionsstart zwei hintere Notsitze. Durch Verstärkungen im Bereich der Schweller und der Bodengruppe legte der Volante 200 kg gegenüber dem Virage zu. 1993 gab es einige Überarbeitungen, die vom Virage übernommen wurden, wie die neue 4-Stufen-Automatik und wahlweise 17-Zoll-Leichtmetallräder. Im Gegensatz zu ihm, erhielt der Volante von Beginn an die traditionellen Entlüftungsschlitze in den Kotflügeln. Ab 1994 gab es eine neue Sitzanlage, einen neu gestalteten Instrumententräger und einen erstarkten Motor. Die letzten 11 Volante wurden mit dem 350-PS-Motor des V8 Coupés bestückt.

Modell:	Volante
Produktionszeit:	1992–1996
Zylinder:	V8
Bohrung x Hub:	100 x 85 mm
Hubraum:	5340 ccm
PS bei U/min:	330 / 6000
Nm bei U/min:	475 / 3000
Verdichtung:	9,5 : 1
Ventilbetätigung:	2 x 2 ohc, Vierventiler
Gemischaufber.:	Weber-Marelli-Einspritzung
Getriebe:	3- (ab 1993) 4-Stufen-Automatik
Karosserie:	Aluminium auf Stahlstruktur
Chassis:	Plattformrahmen (Stahl)
Fahrwerk vorne:	Einzelradaufh., Schraubenfedern
Fahrwerk hinten:	De-Dion-Achse, Schraubenfedern
Bremse:	Scheiben v/h, mit Servo und ABS
Radstand:	2610 mm
Maße (L x B x H):	4745 x 1856 x 1360 mm
Bereifung/Felgen:	255/60 ZR16 (17), Aluminium
Leergewicht:	1960 kg
Höchstgeschw.:	250 km/h
Stückzahlen:	234
Anmerkung:	Schaltgetriebe wahlweise

Aston Martin V8 Volante (LWB)

Bei der London Motor Show im Oktober 1997 wurde der neue Volante vorgestellt, der neben der Optik des V8 Coupés auch ein verlängertes Chassis aufwies (LWB = Long Wheel Base). Man wollte damit aus einem 2+2 einen echten Viersitzer machen, was durch ein zusätzliches Platzangebot von 20 cm für die Fond-Passagiere und einen um 100 % vergrößerten Kofferrauminhalt auch gelang. Die Gesamterscheinung litt jedoch etwas unter den neuen Abmessungen, was auch der angedeutete Luftschlitz vor den Hinterrädern optisch nicht kaschieren konnte. Das Innere entschädigte jedoch seine Gäste mit Connolly-Leder, Wilton-Teppichen und Walnuss-Wurzelholz. Das verfeinerte Fahrwerk des V8 Coupé wurde mit geänderter Geometrie an Vorder- und Hinterachse an den Volante weitergereicht. Die Türen wurden hydraulisch unterstützt, da sie durch ihre zusätzliche Breite sehr schwer geraten waren.

Modell:	V8 Volante (LWB)
Produktionszeit:	1997–2000
Zylinder:	V8
Bohrung x Hub:	100 x 85 mm
Hubraum:	5340 ccm
PS bei U/min:	350 / 6000
Nm bei U/min:	499 / 4300
Verdichtung:	9,75 : 1
Ventilbetätigung:	2 x 2 ohc, Vierventiler
Gemischaufber.:	Weber-Marelli-Einspritzung
Getriebe:	4-Stufen-Automatik
Karosserie:	Aluminium auf Stahlstruktur
Chassis:	Plattformrahmen (Stahl)
Fahrwerk vorne:	Einzelradaufh., Schraubenfedern
Fahrwerk hinten:	De-Dion-Achse, Schraubenfedern
Bremse:	Scheiben v/h, mit Servo und ABS
Radstand:	2788 mm
Maße (L x B x H):	4945 x 1918 x 1380 mm
Bereifung/Felgen:	255/55 ZR17, Aluminium
Leergewicht:	2050 kg
Höchstgeschw.:	241 km/h
Stückzahlen:	63

Aston Martin Vantage

Modell:	(V8) Vantage
Produktionszeit:	1992–1999
Zylinder:	V8
Bohrung x Hub:	100 x 85 mm
Hubraum:	5340 ccm
PS bei U/min:	550 / 6500
Nm bei U/min:	746 / 4000
Verdichtung:	8,2 : 1
Ventilbetätigung:	2 x 2 ohc, Vierventiler
Gemischaufber.:	Ford-Zytek EEC-IV mit Bosch-Einspritzung, zwei Eaton-Kompressoren
Getriebe:	6 V, 1 R, Synchrongetriebe
Karosserie:	Aluminium auf Stahlstruktur
Chassis:	Plattformrahmen (Stahl)
Fahrwerk vorne:	Einzelradaufh., Schraubenfedern
Fahrwerk hinten:	De-Dion-Achse, Schraubenfedern
Bremse:	Scheiben v/h, mit Servo und ABS
Radstand:	2610 mm
Maße (L x B x H):	4747 x 1944 x 1330 mm
Bereifung/Felgen:	285/45 ZR18, Aluminium
Leergewicht:	1981 kg
Höchstgeschw.:	300 km/h
Stückzahlen:	511

Der Vantage war ein aus Aluminiumblech geformter Macho. Dieser automobilen Sünde verfielen bereits vor der offiziellen Präsentation über 50 Kunden, die beachtliche Anzahlungen leisteten, um sich diesen Über-Aston zu sichern. Obwohl sich Vantage und Virage ähnlich sehen, wurden für den Vantage nur sehr wenige Karosserieteile (Türen und Dach) übernommen. Und weil er dadurch nur noch wenig mit dem Virage gemein hatte, hieß er einfach nur Vantage. Passend dazu zierten ihn auch wieder die traditionellen Seitenschlitze in den vorderen Kotflügeln, auf deren Mittelstegen der Schriftzug »Vantage« prangte. Diesmal kaufte Aston Martin keine Rückleuchten im Teilehandel ein, sondern gestaltete eigene Kreationen. Erneuert wurden auch die Frontscheinwerfer, die man gegen Einheiten aus jeweils drei Epsolid-Lampen austauschte. Für das gewaltige Drehmoment wurde das gesamte Fahrwerk grundlegend überarbeitetet, wo-

bei speziell die Hinterachse an die Konstruktion der Lagonda-Aufhängung angelehnt wurde.
Beim Vantage wollte das Entwicklungsteam alle Kritikpunkte des Virage von vornherein ausmerzen. So wurde beispielsweise die vom Virage übernommene und oft wegen ihrer Gefühllosigkeit und Leichtgängigkeit sowie der Empfindlichkeit gegenüber Stößen kritisierten Lenkung gründlich modifiziert. Ebenso änderte man die vordere Radaufhängung. Dadurch konnte, trotz der neuen Felgen und breiteren Reifen, auch noch zusätzlich der Wendekreis verringert werden. Auch die Dämpferabstimmung wurde weicher gewählt. Weil nur das brandneue 6-Gang-Schaltgetriebe von ZF in der Lage war, das enorme Drehmoment des Vantage schadlos an die Hinterachse weiterzuleiten, wurde die 4-Stufen-Automatik des Virage für den Vantage nicht angeboten.

Erst ab 1995 konnte man gegen Aufpreis die Chrysler 3-Stufen-Automatik des alten V8 Vantage ordern, die an die 745 Nm angepasst wurde. Wie beim 6.3-litre Virage, stammte die riesige 36 cm-Scheibenbremsanlage des Vantage aus von Aston-Motoren betriebenen Gruppe C-Rennwagen. Unterstützt wurden die Bremsen von einem ABS von Bosch.
Der Vantage erhielt durch weitere Überarbeitungen einen etwas massiver wirkenden Innenraum, der sich fast schützend um seine Insassen legte. Der Bordcomputer des Virage wurde für den Vantage als unpassend bezeichnet und nicht übernommen. Aus Ausgleich gab es zusätzliche in Holz und Chrom gefasste Rundinstrumente. Wer wollte, konnte im Works Service ab 1998 seinen Vantage auf 600 PS und 813 Nm »aufblasen« lassen.

Aston Martin V8 Vantage Le Mans

Nur 40 Exemplare (zum 40. Jahrestag des Doppelsiegs in Le Mans 1959) umfasste der Schwanengesang des Vantage. Die auffälligsten Änderungen gegenüber dem Standard-Vantage bestanden in einem Einsatz im Kühlergrill, zusätzlichen Entlüftungen in der Motorhaube und einer überarbeiteten Heckpartie. Als ein zum Anlass passendes Detail zeigten sich die seitlichen Motorraumentlüftungen im Design der DBR1-Rennwagen, ebenso als weitere Reminiszenz an den Motorsport waren ein Starterknopf und ein großer Drehzahlmesser vorhanden. Das Interieur bildete mit Leder, Holz, Titan und Aluminium einen interessanten Kontrast zwischen Luxus und Sportlichkeit. Neue Leichtmetallfelgen, ein verstärktes Fahrwerk mit verstellbaren Stoßdämpfern und eine aufgerüstete Bremsanlage waren weitere Ausstattungsmerkmale. Die Motorleistung konnte gegen Aufpreis auf 600 PS erhöht werden.

Modell:	V8 Vantage Le Mans
Produktionszeit:	1999–2000
Zylinder:	V8
Bohrung x Hub:	100 x 85 mm
Hubraum:	5340 ccm
PS bei U/min:	550 / 6500
Nm bei U/min:	746 / 4000
Verdichtung:	8,2 : 1
Ventilbetätigung:	2 x 2 ohc, Vierventiler
Gemischaufber.:	Ford-Zytek EEC-IV mit Bosch-Einspritzung, zwei Eaton-Kompressoren
Getriebe:	6 V, 1 R, Synchrongetriebe
Karosserie:	Aluminium auf Stahlstruktur
Chassis:	Plattformrahmen (Stahl)
Fahrwerk vorne:	Einzelradaufh., Schraubenfedern
Fahrwerk hinten:	De-Dion-Achse, Schraubenfedern
Bremse:	Scheiben v/h, mit Servo und ABS
Radstand:	2610 mm
Maße (L x B x H):	4747 x 1944 x 1330 mm
Bereifung/Felgen:	285/45 ZR18, Aluminium
Leergewicht:	1995 kg
Höchstgeschw.:	300 km/h
Stückzahlen:	40
Anmerkung:	3-Stufen-Automatik wahlweise

Aston Martin V8 Vantage Volante Special Edition

Es war die absolute Steigerung und gleichzeitig auch das Ende des klassischen Automobilbaus bei Aston Martin: Auf drängendem Wunsch einer kleinen Gruppe von engagierten Kunden verabschiedete sich nach 31 Jahren die V8-Reihe in der brachialen Gestalt der V8 Vantage Volante Special Edition. Kurz bevor die Fertigung in Newport Pagnell für die Produktion des Vanquish komplett umgerüstet wurde, entstanden auf dem verstärkten Chassis des Volante, mit der (dachlosen) Karosserie des Vantage, neun sehr spezielle Fahrzeuge. Ein Exemplar erhielt das verlängerte Chassis des Volante mit verlängertem Radstand (LWB). Alle Fahrzeuge unterschieden sich – je nach den Wünschen des jeweiligen Kunden – voneinander: Einige erhielten alle oder nur Teile der Karosseriemerkmale des Vantage Le Mans oder des »Lightweight«-Virage. Fast alle wurden jedoch von der 600 PS Version des Vantage-V8 angetrieben.

Modell:	V8 Vantage Volante Special Edition
Produktionszeit:	2000
Zylinder:	V8
Bohrung x Hub:	100 x 85 mm
Hubraum:	5340 ccm
PS bei U/min:	550 / 6500 (optional: 600 / 6500)
Nm bei U/min:	746 / 4000 (optional: 814 / 4000)
Verdichtung:	8,2 : 1
Ventilbetätigung:	2 x 2 ohc, Vierventiler
Gemischaufber.:	Ford-Zytek EEC-IV mit Bosch-Einspritzung, zwei Eaton-Kompressoren
Getriebe:	5 oder 6 V, 1 R, Synchrongetriebe oder 4-Stufen-Automatik
Karosserie:	Aluminium auf Stahlstruktur
Chassis:	Plattformrahmen (Stahl)
Fahrwerk vorne:	Einzelradaufh., Schraubenfedern
Fahrwerk hinten:	De-Dion-Achse, Schraubenfedern
Bremse:	Scheiben v/h, mit Servo und ABS
Radstand:	2610 mm (LWB: 2788 mm)
Maße (L x B x H):	4747 x 1944 x 1357 mm
Bereifung/Felgen:	285/35 ZR18, Aluminium
Leergewicht:	2041 kg (LWB: 2395 kg)
Höchstgeschw.:	300 km/h (optional ca. 322 km/h)
Stückzahlen:	9
Anmerkung:	1 Ex. mit Volante-LWB-Chassis

Aston Martin V8 Coupé

Auf dem Genfer Automobilsalon 1996 wurde das neue V8 Coupé vorgestellt, welches bis auf Details an der hinteren Radaufhängung und der Heckschürze, einem neuen Maschendraht-Kühlergrill, sowie einem geänderten Felgendesign dem Vantage täuschend ähnlich sah. Der mit einem neuen elektronischen Motormanagement und überarbeiteten Zylinderköpfen ausgestattete V8 leistete nun 350 PS. Das vom Vantage in weiten Teilen übernommene Interieur zeigte die üblichen Annehmlichkeiten von Leder, Wurzelholz, Teppich, Klimaanlage, CD-Radio, Tempomat, elektrisch einstellbaren Sitzen und einem optionalen Fahrer-Seitenairbag. Aufgrund des Kundenwunsches nach zusätzlichem Stauraum ließ der Works Service Aston Martins drei Shooting Brakes auf Basis des V8 Coupé anfertigen.

Modell:	V8 Coupé
Produktionszeit:	1996–1999
Zylinder:	V8
Bohrung x Hub:	100 x 85 mm
Hubraum:	5340 ccm
PS bei U/min:	350 / 6000
Nm bei U/min:	500 / 4300
Verdichtung:	9,75 : 1
Ventilbetätigung:	2 x 2 ohc, Vierventiler
Gemischaufber.:	Weber-Marelli-Einspritzung
Getriebe:	4-Stufen-Automatik
Karosserie:	Aluminium auf Stahlstruktur
Chassis:	Plattformrahmen (Stahl)
Fahrwerk vorne:	Einzelradaufh., Schraubenfedern
Fahrwerk hinten:	De-Dion-Achse, Schraubenfedern
Bremse:	Scheiben v/h, mit Servo und ABS
Radstand:	2610 mm
Maße (L x B x H):	4745 x 1918 x 1320 mm
Bereifung/Felgen:	255/50 ZR18, Aluminium
Leergewicht:	1950 kg
Höchstgeschw.:	240 km/h
Stückzahlen:	100 (inkl. 3 Shooting Brake)

Aston Martin Vanquish

Modell:	Vanquish
Produktionszeit:	2001–2004
Zylinder:	V12
Bohrung x Hub:	89 x 79,5 mm
Hubraum:	5935 ccm
PS bei U/min:	460 / 6800
Nm bei U/min:	542 / 5500
Verdichtung:	10,5 : 1
Ventilbetätigung:	2 x 2 ohc, Vierventiler
Gemischaufber.:	Visteon EEC-V Einspritzung
Getriebe:	Sequentielles 6-Gang-Getriebe
Karosserie:	Aluminium und Verbundstoffe
Chassis:	Aluminium/Karbon-Monocoque
Fahrwerk vorne:	Einzelradaufh., Schraubenfedern
Fahrwerk hinten:	Einzelradaufh., Schraubenfedern
Bremse:	Scheiben v/h, mit Servo und ABS
Radstand:	2690 mm
Maße (L x B x H):	4665 x 1923 x 1318 mm
Bereifung/Felgen:	v: 255/40-, h: 285/40 ZR19, Alu
Leergewicht:	1835 kg
Höchstgeschw.:	306 km/h
Stückzahlen:	1507

Als Nachfolger des Vantage auf dem Genfer Automobilsalon 2001 vorgestellt, hielt mit dem Vanquish innovativer Fahrzeugbau Einzug in Newport Pagnell. Der Hauptteil des Chassis bestand aus gepressten Aluminiumteilen, die um den komplett aus Kohlefaser (Karbon) gefertigten Getriebetunnel befestigt und genietet wurden. Damit entstand eine zentrale Monocoque-Sicherheitszelle mit zusätzlichen Knautschzonen für den Aufprallschutz vorn und hinten. Motor, Getriebe und Vorderradaufhängung wurden von einem direkt mit dem vorderen Blech verbundenen Hilfsrahmen aus Stahl, Aluminium und Kohlefaser getragen. Auch die Radaufhängung bestand in weiten Teilen aus Leichtmetall. Der komplett flach gehaltene Unterboden sorgte bei hohen Geschwindigkeiten durch den Venturi-Effekt für eine bessere Straßenhaftung. Alle äußeren Bleche, einsch-

ließlich Dach, Haube, Kofferraumdeckel, vordere und hintere Kotflügel und Türen, bestanden ebenfalls aus Aluminium. Jedes dieser Teile wurde vorgepresst nach Newport Pagnell geliefert und dort nach alter Methode der dortigen Karosseriebauer von Hand bearbeitet und individuell angepasst, um einen perfekten Sitz der Bleche zu gewährleisten. Fortan wurde das Dach in seine Auflage eingeklebt und nicht mehr geschweißt. Jede Karosserie wurde nach der Montage von Hand achtfach lackiert. Trotz der Umstrukturierung und neuen Produktionsmethoden dauerte es 8 Wochen, bis ein Vanquish durch das grüne Tor der Endmontage seinem Besitzer entgegen rollen konnte. Statt eines konventionellen Schaltgetriebes wurde der Vanquish mit einem neuartigen sequentiellen Sechsganggetriebe ausgestattet, welches sowohl manuell über Wippschalter am Lenkrad, als auch in einem Automatikmodus geschaltet werden konnte. In die Mittelkonsole integrierte man einen roten Anlasserknopf, das Audio- und Klimasystem. Scheibenwischer und Scheinwerfersystem schalteten sich bei Einsetzen von Regen bzw. Dunkelheit automatisch ein. Angeboten wurde der Vanquish als Zweisitzer mit Gepäckablage oder als 2+2 mit Notsitzen im Fond. Für das Modelljahr 2004 bekam der Vanquish neue Aluminium-Felgen, optimierte Sitze, den vom DB9 übernommenen Kristall-Starterknopf, geänderte Metall-Oberflächen der Mittelkonsole, Türöffner und Instrumenten-Umrandung, sowie einen Getränkehalter spendiert. Auch konnte die Mittelkonsole farblich auf die Außenlackierung abgestimmt werden. Zusätzlich sorgte man für eine verbesserte Verzögerung durch neue Bremsscheiben und Bremsbeläge. Für die Steigerung des sportlichen Auftritts bot Aston Martin ab Mai 2004 ein »Sports-Dynamic«-Paket an, das in erster Linie Modifikationen am Fahrwerk beinhaltete. Äußerlich war ein »Sports-Dynamic«-Vanquish an den neunspeichigen »Lightweight«-Felgen identifizierbar. Nach der Präsentation des Vanquish S ging die Nachfrage nach dem Vanquish so stark zurück, dass er Ende 2004 aus dem Programm genommen wurde.

Aston Martin Vanquish S

Mit dem Vanquish S debütierte auf der Paris Motor Show im September 2004 der (bis dato) schnellste Serien-Aston aller Zeiten. Neue Zylinderköpfe, verbesserte Ansaugkanäle, optimierte Brennräume, strapazierfähigere Pleuel, höhere Verdichtung, Eingriffe im Motormanagement und neue Einspritzdüsen sorgten für einen Leistungszuwachs auf 520 PS. Für den Vanquish S wurden alle Fahrwerksänderungen des »Sports-Dynamic«-Programms übernommen. Unter anderem wurde die Lenkung direkter und das abgesenkte Fahrwerk straffer ausgelegt. Darauf abgestimmt wurde die Bremsleistung erhöht. Modifikationen fanden sich auch an der Karosserie. Hier wurde der Kühlergrill für eine bessere Luftzufuhr neu gefasst und auf dem Kofferraum zeigte sich eine zarte Abrisslippe für höheren Anpressdruck bei hohem Tempo. Beim S-Interieur wurden alle Änderungen des Vanquish-Modelljahrs 2004 übernommen.

Modell:	Vanquish S
Produktionszeit:	2004–2007
Zylinder:	V12
Bohrung x Hub:	89 x 79,5 mm
Hubraum:	5935 ccm
PS bei U/min:	520 / 7000
Nm bei U/min:	576 / 5800
Verdichtung:	10,8 : 1
Ventilbetätigung:	2 x 2 ohc, Vierventiler
Gemischaufber.:	Visteon EEC-V Einspritzung
Getriebe:	Sequentielles 6-Gang-Getriebe
Karosserie:	Aluminium und Verbundstoffe
Chassis:	Aluminium/Karbon-Monocoque
Fahrwerk vorne:	Einzelradaufh., Schraubenfedern
Fahrwerk hinten:	Einzelradaufh., Schraubenfedern
Bremse:	Scheiben v/h, mit Servo und ABS
Radstand:	2690 mm
Maße (L x B x H):	4665 x 1923 x 1318 mm
Bereifung/Felgen:	v: 255/40-, h: 285/35 ZR19, Alu
Leergewicht:	1835 kg
Höchstgeschw.:	325 km/h
Stückzahlen:	1029

Aston Martin Vanquish S Ultimate Edition

Im Februar 2007 kündigte Aston Martin – ohne Aufpreis – zum Ende der Vanquish-Produktion das auf 50 Exemplare limitierte Sondermodell Vanquish S Ultimate Edition an. Äußerlich erkennbar war dieses an seiner exklusiven Lackierung in »Ultimate Black« und dem Schriftzug »Ultimate« auf der Chromstrebe der Motorraumentlüftung. (3 zusätzliche Ultimate-Edition-Vanquish wurden als »United-Arab-Emirates«-Kleinstserie weiß-metallic lackiert). Für die Sitze wurde spezielles Leder verwendet und alle Chromteile des Interieurs schwarz getönt. Jedes Exemplar des Ultimate Edition erhielt eine Plakette mit der Limitierungsnummer. Er wurde ausschließlich als 2+2 gefertigt und war innerhalb kürzester Zeit nach seiner Ankündigung ausverkauft. Die Abbildung zeigt den letzten Vanquish als letzten Aston Martin aus Newport Pagnell am Tage seiner Verabschiedung am 19. Juli 2007.

Modell:	Vanquish S Ultimate Edition
Produktionszeit:	2007
Zylinder:	V12
Bohrung x Hub:	89 x 79,5 mm
Hubraum:	5935 ccm
PS bei U/min:	520 / 7000
Nm bei U/min:	576 / 5800
Verdichtung:	10,8 : 1
Ventilbetätigung:	2 x 2 ohc, Vierventiler
Gemischaufber.:	Visteon EEC-V Einspritzung
Getriebe:	Sequentielles 6-Gang-Getriebe
Karosserie:	Aluminium und Verbundstoffe
Chassis:	Aluminium/Karbon-Monocoque
Fahrwerk vorne:	Einzelradaufh., Schraubenfedern
Fahrwerk hinten:	Einzelradaufh., Schraubenfedern
Bremse:	Scheiben v/h, mit Servo und ABS
Radstand:	2690 mm
Maße (L x B x H):	4665 x 1923 x 1318 mm
Bereifung/Felgen:	v: 255/40-, h: 285/35 ZR19, Alu
Leergewicht:	1835 kg
Höchstgeschw.:	325 km/h
Stückzahlen:	50 (+ 3 »U.A.E.«-Exemplare)

Aston Martin DB7

Modell:	DB7
Produktionszeit:	1993–1999
Zylinder:	Reihen-6
Bohrung x Hub:	91 x 83 mm
Hubraum:	3228 ccm
PS bei U/min:	335 / 6000
Nm bei U/min:	490 / 3000
Verdichtung:	8,3 : 1
Ventilbetätigung:	2 ohc, Vierventiler
Gemischaufber.:	Ford Zytec EEC-V Einspritzung, ein Eaton-Kompressor
Getriebe:	5 V, 1 R, Synchrongetriebe
Karosserie:	Stahl und Verbundstoffe
Chassis:	Stahl-Monocoque
Fahrwerk vorne:	Einzelradaufh., Schraubenfedern
Fahrwerk hinten:	Einzelradaufh., Schraubenfedern
Bremse:	Scheiben v/h, mit Servo und ABS
Radstand:	2691 mm
Maße (L x B x H):	4631 x 1820 x 1268 mm
Bereifung/Felgen:	245/40 ZR18, Aluminium
Leergewicht:	1725 kg
Höchstgeschw.:	257 km/h
Stückzahlen:	4074

Als der DB7 am 2. März 1993 sein Debüt auf dem Genfer Automobilsalon feierte, wurde er sogleich zum »Car of the Show« gewählt, so sehr schlug er bei Publikum und Fachpresse ein. Der DB7 wurde ein Hit, erschloss neue Käuferschichten, füllte die Auftragsbücher und erwies sich rückblickend als Retter Aston Martins. Bodengruppe und Fahrwerk des DB7 waren eine modifizierte Version des Jaguar XJS mit Einzelradaufhängung an Doppelquerlenkern rundum und einer selbsttragenden Karosserie. Die Bodengruppe, Türen und Dach waren zwar aus verzinktem Stahl, die Kotflügel, Stoßfänger, die Schweller und die Kofferraumhaube bestanden jedoch aus einem neuartigen Kunststoff-Verbundmaterial. Nur die Motorhaube bestand aus Aluminium. Für den Antrieb entschied man sich ebenfalls für eine Jaguar-Entwicklung: einen 3,2 Liter Sechszylinder, den

Aston Martin mit einem TWR-Vierventilkopf, TWR-Nockenwellen und einem Kompressor aufrüsten ließ. Mit der daraus resultierenden Leistung übertraf er den Achtzylinder des Virage. Das Interieur wurde bewusst mehr in Richtung Sportlichkeit gerückt, womit man auch die sparsame Verwendung von Holz begründete. Der Innenraum mit seinen schwingenden Linien wirkte aufgeräumter und weniger massiv als bei den V8-Modellen. Speziell die Ergonomie wurde deutlich verbessert, auch wenn Menschen der Aufenthalt im Fond nicht zuzumuten oder schlicht nicht möglich war. Leider litt die Anmut des Interieurs zu Beginn durch den zu offensichtlichen Einsatz von Ford- und Jaguar-Teilen. 1996 wurden Airbags für Fahrer und Beifahrer Standard. Außer dem Markenzeichen auf Bug und Heck hatte der DB7 absolut keine Gemeinsamkeiten mit den V8-Modellen aus Newport Pagnell, wo er aus Platzgründen auch nicht gebaut werden konnte. Als temporäre DB7-Produktionsniederlassung mietete sich Aston Martin in die Hallen von TWR in Bloxham ein, in denen die Fertigung des Jaguar XJ220 gerade ausgelaufen war. Im Gegensatz zu Newport Pagnell war Bloxham mehr Montage als Fertigung. Alle Karosserieteile wurden bei Mayflower in Coventry hergestellt und anschließend zur Montage nach Bloxham gebracht. Danach wurden die Rohkarosserien bei Rolls-Royce in Crewe gegen Korrosion behandelt und lackiert. Vom Kunden gewünschte Sonderfarben wurden in Bloxham direkt aufgetragen. Im Laufe der Jahre wurde die Werkslackiererei aber immer weiter vergrößert, um schließlich die gesamten Lackierarbeiten ausführen zu können. Große Teile der Innenausstattung wurden im Aston Trim-Shop in Newport Pagnell angefertigt und anschließend nach Bloxham versandt. Zu einem beliebten Extra entwickelte sich der Kühlergrilleinsatz in Maschendrahtoptik aus Edelstahl.

Aston Martin DB7 Volante

Es war von Anfang an eine offene Version des DB7 geplant, weil man für Cabriolets im Ford-Mutterland USA bessere Verkaufschancen sah. Daher wurde im Januar 1996 auf der North American Motor Show in Detroit und zeitgleich in Los Angeles – neben dem Coupé – die Convertible-Version des DB7 vorgestellt, der sich zu einem Verkaufsschlager entwickelte. Durch Verstärkungen im Bereich der Bodengruppe und des Windschutzscheibenrahmens (der als Überrollbügel diente) wog der DB7 Volante mit knapp 1,9 Tonnen deutlich mehr als das Coupé. Mit 6 Sekunden von 0 auf 100 km/h war der DB7 Volante aus Bloxham immerhin genauso spurtstark, wie der große V8 Volante aus Newport Pagnell. Im dortigen Trim-Shop wurde im Übrigen das elektrische Verdeck des DB7 Volante auf einer Lehre gefertigt und danach zur Montage nach Bloxham geliefert.

Modell:	DB7 Volante
Produktionszeit:	1996–1999
Zylinder:	Reihen-6
Bohrung x Hub:	91 x 83 mm
Hubraum:	3228 ccm
PS bei U/min:	335 / 6000
Nm bei U/min:	490 / 3000
Verdichtung:	8,3 : 1
Ventilbetätigung:	2 ohc, Vierventiler
Gemischaufber.:	Ford Zytec EEC-V Einspritzung, ein Eaton-Kompressor
Getriebe:	5 V, 1 R, Synchrongetriebe
Karosserie:	Stahl und Verbundstoffe
Chassis:	Stahl-Monocoque
Fahrwerk vorne:	Einzelradaufh., Schraubenfedern
Fahrwerk hinten:	Einzelradaufh., Schraubenfedern
Bremse:	Scheiben v/h, mit Servo und ABS
Radstand:	2691 mm
Maße (L x B x H):	4646 x 1830 x 1260 mm
Bereifung/Felgen:	245/40 ZR18, Aluminium
Leergewicht:	1875 kg
Höchstgeschw.:	245 km/h
Stückzahlen:	1784

Aston Martin DB7 Vantage

Der DB7 Vantage war das erste Serienmodell Aston Martins mit einem Zwölfzylinder. Für dessen Aufnahme wurden das Chassis, die Radaufhängungen, die Lenkung und die Getriebevarianten erheblich modifiziert, ebenso die Gestaltung von Front- und Schwellerbereich. Eine 5-Gang-Touchtronic wurde kurz nach Serienstart gegen Aufpreis lieferbar. Innerhalb kurzer Zeit betrafen 90 % aller DB7-Bestellungen den Vantage, was 1999 zum Produktions-Aus des Sechszylinders führte. Für das Modelljahr 2002 erfuhr der DB7 Vantage einige Veränderungen. So boten die Vordersitze einen besseren Rückhalt in Schulterhöhe. Das Armaturenbrett verfügte über neue Bedienknöpfe für die Mittelkonsole. Neu waren zudem ein Dreispeichen-Lenkrad, sowie eine mattlackierte Instrumententafel. Seine Rückkehr feierte auch der klassische Anlasserknopf.

Modell:	DB7 Vantage
Produktionszeit:	1999–2003
Zylinder:	V12
Bohrung x Hub:	89 x 79,5 mm
Hubraum:	5935 ccm
PS bei U/min:	420 / 6000
Nm bei U/min:	542 / 5000
Verdichtung:	10,3 : 1
Ventilbetätigung:	2 x 2 ohc, Vierventiler
Gemischaufber.:	Visteon EEC-V Einspritzung
Getriebe:	6 V, 1 R, Synchrongetriebe
Karosserie:	Stahl und Verbundstoffe
Chassis:	Stahl-Monocoque
Fahrwerk vorne:	Einzelradaufh., Schraubenfedern
Fahrwerk hinten:	Einzelradaufh., Schraubenfedern
Bremse:	Scheiben v/h, mit Servo und ABS
Radstand:	2591 mm
Maße (L x B x H):	4666 x 1830 x 1238 mm
Bereifung/Felgen:	v: 245/40-, h: 265/35 ZR18, Alu
Leergewicht:	1780 kg
Höchstgeschw.:	298 km/h
Stückzahlen:	2110

Aston Martin DB7 Vantage Volante

Es galt fast als Selbstverständlichkeit, dass bei Aston Martin dem Coupé eine offene Variante folgte. Dies war auch beim DB7 Vantage mit dem Volante der Fall, der auf dem Genfer Automobilsalon im März 1999 vorgestellt wurde. Unter seinem schmückenden Blechkleid war er technisch identisch mit dem Vantage-Coupé, wog aber fast zwei Zentner mehr und erhielt auf Kundenwunsch eine etwas weniger sportliche Dämpferabstimmung. Auch für den Volante war aber Dezember 1999 eine ZF-Touchtronic als Option lieferbar. Die Höchstgeschwindigkeit von 165 mph (266 km/h) war übrigens elektronisch abgeregelt – aus Sorge um das Verdeck im geschlossenen und um die Insassen im offenem Zustand.

Modell:	DB7 Vantage Volante
Produktionszeit:	1999–2003
Zylinder:	V12
Bohrung x Hub:	89 x 79,5 mm
Hubraum:	5935 ccm
PS bei U/min:	420 / 6000
Nm bei U/min:	542 / 5000
Verdichtung:	10,3 : 1
Ventilbetätigung:	2 x 2 ohc, Vierventiler
Gemischaufber.:	Visteon EEC-V Einspritzung
Getriebe:	6 V, 1 R, Synchrongetriebe
Karosserie:	Stahl und Verbundstoffe
Chassis:	Stahl-Monocoque
Fahrwerk vorne:	Einzelradaufh., Schraubenfedern
Fahrwerk hinten:	Einzelradaufh., Schraubenfedern
Bremse:	Scheiben v/h, mit Servo und ABS
Radstand:	2591 mm
Maße (L x B x H):	4666 x 1830 x 1260 mm
Bereifung/Felgen:	v: 245/40-, h: 265/35 ZR18, Alu
Leergewicht:	1875 kg
Höchstgeschw.:	266 km/h
Stückzahlen:	2046

Aston Martin DB7 Zagato

Auf dem Concours d'Elegance 2002 im amerikanischen Pebble Beach lebte die Idee einer Kleinserie mit Enthüllung des auf 99 Exemplaren limitierten DB7 Zagato erneut auf. Als Basis diente ein fahrfertiges, gekürztes Chassis des DB7 Vantage Volante. Die Karosseriebleche aus Aluminium (inkl. dem Markenzeichen Zagatos, dem berühmten »Double-Bubble«-Dach) wurden von den Italienern handgefertigt und anschließend nach Bloxham zur Montage geliefert. Der V12 wurde etwas aufgefrischt, die Bremsen und Federung überarbeitet, sowie die Endübersetzung für eine schnellere Beschleunigung erhöht. Bis auf Details und Sitze im speziellen »Zagato-Look« blieb das Interieur weitgehend unangetastet. Als Kraftübertragung wurde ausschließlich das manuelle 6-Gang-Getriebe installiert.

Modell:	DB7 Zagato
Produktionszeit:	2002–2004
Zylinder:	V12
Bohrung x Hub:	89 x 79,5 mm
Hubraum:	5935 ccm
PS bei U/min:	435 / 6000
Nm bei U/min:	556 / 5000
Verdichtung:	10,3 : 1
Ventilbetätigung:	2 x 2 ohc, Vierventiler
Gemischaufber.:	Visteon EEC-V Einspritzung
Getriebe:	6 V, 1 R, Synchrongetriebe
Karosserie:	Aluminium auf Stahlstruktur, Verbundstoffe
Chassis:	Stahl-Monocoque
Fahrwerk vorne:	Einzelradaufh., Schraubenfedern
Fahrwerk hinten:	Einzelradaufh., Schraubenfedern
Bremse:	Scheiben v/h, mit Servo und ABS
Radstand:	2531 mm
Maße (L x B x H):	4481 x 1861 x 1244 mm
Bereifung/Felgen:	v: 245/40 ZR18, h: 275/35 ZR19, Aluminium
Leergewicht:	1740 kg
Höchstgeschw.:	296 km/h
Stückzahlen:	100 (inkl. 1 Werkswagen)

Aston Martin DB7 GT/GTA

Wem der DB7 Vantage zu soft auftrat, hatte ab 2002 eine Alternative namens DB7 GT. Zwei Varianten wurden angeboten: Der GT mit 6-Gang-Schaltgetriebe und der GTA mit 5-Stufen-Automatik. Für eine bessere Aerodynamik wurde die Frontschürze geändert, der Unterboden überarbeitet und die Heckklappe mit einer vergrößerten Abrisslippe versehen. Die Motorhaube wies zwei zusätzliche Entlüftungen auf, während der verchromte Kühlergrill in Maschendraht-Optik mit einem GT-Schriftzug geschmückt wurde. Für die Niederquerschnittreifen auf den fünfspeichigen Alufelgen wurden sogar die Radhäuser vergrößert. Auch die Kupplung wurde für die sportliche Nutzung verstärkt, wie auch das Fahrwerk deutlich straffer abgestimmt und leicht abgesenkt wurde. Erstmals erhielt ein Aston Martin ein »aktives Sportauspuff-System«. Im Inneren gab es statt spartanischer Sportlichkeit den gewohnten Luxus mit viel Leder und Aluminium-Applikationen.

Modell:	DB7 GT/GTA
Produktionszeit:	2002–2004
Zylinder:	V12
Bohrung x Hub:	89 x 79,5 mm
Hubraum:	5935 ccm
PS bei U/min:	435 / 6000 (GTA: 420 / 6000)
Nm bei U/min:	556 / 5000 (GTA: 542 / 5000)
Verdichtung:	10,3 : 1
Ventilbetätigung:	2 x 2 ohc, Vierventiler
Gemischaufber.:	Visteon PTEC Einspritzung
Getriebe:	6 V, 1 R, Synchrongetriebe (GTA: 5-Stufen-Automatik)
Karosserie:	Stahl und Verbundstoffe
Chassis:	Stahl-Monocoque
Fahrwerk vorne:	Einzelradaufh., Schraubenfedern
Fahrwerk hinten:	Einzelradaufh., Schraubenfedern
Bremse:	Scheiben v/h, mit Servo und ABS
Radstand:	2591 mm
Maße (L x B x H):	4646 x 1830 x 1238 mm
Bereifung/Felgen:	v: 245/35-, h: 265/30 ZR18, Alu
Leergewicht:	1800 kg (GTA: 1852 kg)
Höchstgeschw.:	296 km/h (GTA: 266 km/h)
Stückzahlen:	302 (inkl. 112 GTA)

Aston Martin DB AR1

Speziell für das amerikanische Klientel in Staaten mit fast ganzjährigem Sonnenschein stellte Aston Martin auf der Los Angeles Motor Show im Januar 2003 einen speziellen »Lightweight« Roadster vor, den »DB American Roadster 1« (DB AR1). Wieder auf 99 Exemplare begrenzt und wieder auf dem – diesmal ungekürzten – Chassis des DB7 Vantage Volante basierend, wurde die Optik des DB AR1 an die des DB7 Zagato angelehnt. Nur als Zweisitzer mit einem hinter den Sitzen verstauten Notverdeck klassischer Roadster-Art angeboten, war das Modell binnen drei Wochen nach seiner Präsentation ausverkauft. Beim Antrieb und den Fahrwerksmodifikationen bediente man sich beim DB7 Zagato und GT, von dem er das aktive Sportauspuff-System mit speziellen Bypass-Ventilen für einen sportlicheren Sound erhielt. Gegen Aufpreis war eine 5-Stufen-Automatik erhältlich.

Modell:	DB AR1 (American Roadster 1)
Produktionszeit:	2003–2004
Zylinder:	V12
Bohrung x Hub:	89 x 79,5 mm
Hubraum:	5935 ccm
PS bei U/min:	435 / 6000
Nm bei U/min:	556 / 5000
Verdichtung:	10,3 : 1
Ventilbetätigung:	2 x 2 ohc, Vierventiler
Gemischaufber.:	Visteon EEC-V Einspritzung
Getriebe:	6 V, 1 R, Synchrongetriebe
Karosserie:	Stahl/Aluminium auf Stahlstruktur
Chassis:	selbsttragende Karosserie
Fahrwerk vorne:	Einzelradaufh., Schraubenfedern
Fahrwerk hinten:	Einzelradaufh., Schraubenfedern
Bremse:	Scheiben v/h, mit Servo und ABS
Radstand:	2531 mm
Maße (L x B x H):	4657 x 1861 x 1220 mm
Bereifung/Felgen:	v: 245/40 ZR18, h: 275/35 ZR19, Aluminium
Leergewicht:	1858 kg
Höchstgeschw.:	100 (inkl. 1 Werkswagen)

Aston Martin DB9

Auf der IAA 2003 fand das Debüt des DB7-Vantage-Nachfolgers statt. Es war kein DB8, sondern – um den Entwicklungsvorsprung auch per Modellbezeichnung zu verdeutlichen – der DB9, Aston Martins erstes Serienfahrzeug aus dem neu errichteten Werk in Gaydon. Wie aus dem Vollen gefräst, mit einem Minimum an Spalten und Fugen trat der DB9 wie ein gebügelter Vanquish auf. Es war der seltene Fall, dass ein Nachfolgemodell leichter als sein Vorgänger wurde. Der DB9 war es, dank seines neuartigen VH-Chassis, obwohl er als echter 2+2-Sitzer gegenüber dem DB7 um über 45 cm an Länge zugelegt hatte. Rund 70 kg hatte der auf 450 PS erstarkte V12 weniger zu wuchten. Weniger Gewicht und mehr Leistung sorgte für das Touchieren der 300-km/h-Grenze. Im Fahrwerksbereich setzte man so viel Leichtmetall wie möglich ein, um die ungefederten Massen weiter zu verringern. Die Installation des ZF-Transaxial-Getriebes sorgte für die perfekte Gewichtsverteilung von 50:50 (ein manuelles 6-Gang-Schaltgetriebe wurde ab März 2005 lieferbar). Im Inneren sorgten mit Aluminium unterlegte Instrumente für Auskunft, zu dem sich eine brandneue Informations- und Illuminationstechnik namens OEL (Organic Electroluminescent Display) gesellte. Das gesamte Interieur, mit den wenigen, aber großflächigen Holzapplikationen, wurde durch seinen skandinavischen Gestaltungsstil deutlich aufgewertet und präsentierte sich durch den Verzicht von Bauteilen aus der Ford-Großserie in kühler Eleganz. Skandinavisch ging es auch bei den Sicherheitssystemen des DB9 zu, die in enger Zusammenarbeit mit Volvo ausgeführt wurden. Bis März 2008 waren bereits über 10.000 Exemplare des DB9 an Kunden ausgeliefert worden, als auf dem Genfer Autosalon die nächste Evolutionsstufe für das Modelljahr 2008 vorgestellt wurde. Wieder schaffte man es, dem V12 zusätzliche Pferdestärken abzutrotzen. Nun standen 470 PS bei 6000

Aston Martin DB9

U/min und ein maximales Drehmoment von 600 Nm bei 5000 U/min auf dem Datenblatt. Damit kratzte der DB9 nicht mehr an den magischen 300 km/h, er übertraf sie sogar um fast 6 km/h – aber nur mit dem manuellen Schaltgetriebe. Feinarbeiten wurden im Bereich der Radaufhängung unternommen und neue Stoßdämpfer sowie neue Aluminium-Felgen mit 10-Speichen eingeführt. Änderungen gab es auch an der Gestaltung der Außenspiegel, des Kühlergrills und – im Inneren – der Mittelkonsole. Die Lederarbeiten für die Innenausstattung werden im Übrigen noch immer im Works Service in Newport Pagnell angefertigt und anschließend nach Gaydon zugeliefert.

Modell:	DB9
Produktionszeit:	ab 2003
Zylinder:	V12
Bohrung x Hub:	89 x 79,5 mm
Hubraum:	5935 ccm
PS bei U/min:	450 / 6000 (ab 04/08: 470 PS)
Nm bei U/min:	569 / 5000 (ab 04/08: 600 Nm)
Verdichtung:	10,3 : 1
Ventilbetätigung:	2 x 2 ohc, Vierventiler
Gemischaufber.:	Visteon PTEC Einspritzung
Getriebe:	Sequentielles 6-Gang-Transaxial-Getriebe

Karosserie:	Aluminium und Verbundstoffe
Chassis:	Aluminium-VH-Monocoque
Fahrwerk vorne:	Einzelradaufh., Schraubenfedern
Fahrwerk hinten:	Einzelradaufh., Schraubenfedern
Bremse:	Scheiben v/h, Servo, ABS, DSC
Radstand:	2740 mm
Maße (L x B x H):	4710 x 1875 x 1270 mm
Bereifung/Felgen:	v: 235/40-, h: 275/35 ZR19, Alu
Leergewicht:	1710 kg
Höchstgeschw.:	299 km/h (ab 04/08: 306 km/h)
Stückzahlen:	noch in Produktion

Aston Martin DB9 Volante

Aston Martin wählte die Detroit Motor Show 2004 für die Weltpremiere des eleganten DB9 Volante aus. Im Gegensatz zum DB7 Volante war das in 17 Sekunden elektrisch aufspannbare Verdeck beim DB9 Volante voll versenkbar, was bei den Insassen für eine bessere Sicht nach hinten und bei den Betrachtern für einen schöneren Anblick von Außen sorgte. Im Falle eines Unfalls berechnete das Sicherheitssystem die Wahrscheinlichkeit eines Überschlags, um binnen Sekundenbruchteilen zwei Stahlbügel aus den Fond-Kopfstützen zu fahren. Zusammen mit dem hochfesten Rahmen der Windschutzscheibe, der das Zweifache des Wagengewichts tragen konnte, wurde den hoffentlich angeschnallten Insassen so maximale Sicherheit gewährleistet. Alle Modifikationen des Coupé zum Modelljahr 2008 wurden vom Volante ebenfalls übernommen.

Modell:	DB9 Volante
Produktionszeit:	ab 2004
Zylinder:	V12
Bohrung x Hub:	89 x 79,5 mm
Hubraum:	5935 ccm
PS bei U/min:	450 / 6000 (ab 04/08: 470 PS)
Nm bei U/min:	569 / 5000 (ab 04/08: 600 Nm)
Verdichtung:	10,3 : 1
Ventilbetätigung:	2 x 2 ohc, Vierventiler
Gemischaufber.:	Visteon PTEC Einspritzung
Getriebe:	Sequentielles 6-Gang-Transaxial-Getriebe
Karosserie:	Aluminium und Verbundstoffe
Chassis:	Aluminium-VH-Monocoque
Fahrwerk vorne:	Einzelradaufh., Schraubenfedern
Fahrwerk hinten:	Einzelradaufh., Schraubenfedern
Bremse:	Scheiben v/h, Servo, ABS, DSC
Radstand:	2740 mm
Maße (L x B x H):	4710 x 1875 x 1318 mm
Bereifung/Felgen:	v: 235/40-, h: 275/35 ZR19, Alu
Leergewicht:	1710 kg
Höchstgeschw.:	299 km/h (ab 2008: 306 km/h)
Stückzahlen:	noch in Produktion

Aston Martin DBS

Laut Aston Martin sollte der (neue) DBS die Lücke zwischen dem DB9 und dem DBR9-Rennwagen schließen. Wenn der DB9 Dr. Jekyll war, so war der DBS Mr. Hyde – maskulin, lauernd und bedrohlich. Zur Gewichtserleichterung wurden weite Teile der raubtierhaften Karosserie aus Kohlefaser hergestellt. Das Fahrwerk, erstmalig mit Keramik-Bremsen, wurde zusätzlich durch ein adaptives Dämpfersystem mit diversen Fahrprogrammen unterstützt. Zur Kraftübertragung stand ausschließlich das manuelle 6-Gang-Getriebe zur Verfügung. Im Inneren fanden sich spezielle Sportsitze, Alcantara, eine neu gestaltete Mittelkonsole, sowie eine überreiche Verwendung von Aluminium und Karbonfaser. Unter der Haube sorgte der weiter optimierte V12 für weit über 500 PS.

Modell:	DBS
Produktionszeit:	ab 2007
Zylinder:	V12
Bohrung x Hub:	89 x 79,5 mm
Hubraum:	5935 ccm
PS bei U/min:	510 / 6500
Nm bei U/min:	570 / 5750
Verdichtung:	10,9 : 1
Ventilbetätigung:	2 x 2 ohc, Vierventiler
Gemischaufber.:	Visteon PTEC Einspritzung
Getriebe:	6 V, 1 R, Transaxial-Getriebe
Karosserie:	Aluminium und Verbundstoffe
Chassis:	Aluminium-VH-Monocoque
Fahrwerk vorne:	Einzelradaufh., Schraubenfedern
Fahrwerk hinten:	Einzelradaufh., Schraubenfedern
Bremse:	Scheiben v/h, Servo, ABS, DSC
Radstand:	2740 mm
Maße (L x B x H):	4721 x 1905 x 1280 mm
Bereifung/Felgen:	v: 245/35-, h: 295/30 ZR20, Alu
Leergewicht:	1695 kg
Höchstgeschw.:	307 km/h
Stückzahlen:	noch in Produktion

Aston Martin V8 Vantage

Mit dem V8 Vantage begann Aston Martin ganz offensiv dem Porsche 911 Konkurrenz zu machen (man beachte die sich ähnelnde Heckgestaltung beider Fahrzeuge). 2003 noch als Konzeptstudie namens »AMV8 Vantage« die Reaktion des Publikums testend, wurde relativ schnell klar, dass dieser bislang kleinste und leichteste Aston Martin der vergangenen Jahrzehnte in Serie gehen würde. Er sollte damit – als Einsteigermodell und Nachfolger des Sechszylinder-DB7 – das Angebot Aston Martins nach unten hin abrunden und neue Zielgruppen erschließen. Ermöglicht wurde dies durch die kostendämpfende Verwendung des in Länge und Breite variablen VH-Rahmens, auf dem bereits der DB9 aufbaute. Schon aufgrund seiner Abmessungen, wurde der V8 Vantage als reiner Zweisitzer konzipiert, der mit seinen kurzen Karosserieüberhängen und weit ausgestellten Radläufen ziemlich gedrungen auftrat. Ein schönes Gestaltungsmerkmal war die Verlängerung der Chromstrebe auf der Motorraumentlüftung, die sich als Karosseriefalz bis in die hinteren Kotflügel zog und für zusätzliche Spannung in der Linie sorgte. Das passable Gepäckabteil konnte über eine große »Hatchback«-Heckklappe bestückt werden. Die Gestaltung des Innenraums wurde an die klare und aufgeräumte Optik des DB9 angelehnt. Dem sportlicheren Charakter des V8 Vantage entsprechend, hielt man sich mit der Verwendung von Holzoberflächen zugunsten von Leder und Metall zurück. Bei einigen Bedienelementen konnte man zugelieferte Teile von Volvo erkennen. Das Fahrwerk stammte vom DB9, wurde aber straffer und direkter abgestimmt. Der 4.3-litre-Achtzylinder war keine Entwicklung Aston Martins, sondern kam als 4.2-litre von Jaguar, um anschließend vom neuen Aston-Motorenwerk in Köln für den Einsatz im V8 Vantage tiefgreifend überarbeitet und um 100 ccm vergrößert zu werden. Neu war der Einsatz von variablen Nockenwellen

für die Einlassventile, die für einen besseren Drehmomentverlauf und kultiviertere Kraftentfaltung Sorge trugen. Die überwiegend im Rennsport verwendete Trockensumpfschmierung kam ebenfalls zum Einsatz, um – durch das Fehlen der üblichen Ölwanne – den V8 für einen bestmöglichen Schwerpunkt so tief und mittig wie möglich zu installieren. Dies, und das an die Hinterachse montierte manuelle, eng gestufte 6-Gang-Getriebe (eine »Sportshift«-Automatik folgte Ende 2006) führte zu einer nahezu perfekten Gewichtsverteilung von 49:51. Für das Modelljahr 2009 wurde der Hubraum erhöht und das Fahrwerk überarbeitet.

Modell:	V8 Vantage
Produktionszeit:	ab 2005
Zylinder:	V8
Bohrung x Hub:	89 x 86 mm (ab 07/08: 91 x 91 mm)
Hubraum:	4282 ccm (ab 07/08: 4735 ccm)
PS bei U/min:	380 / 7000 (ab 07/08: 420 PS)
Nm bei U/min:	410 / 5000 (ab 07/08: 470 Nm)
Verdichtung:	11,3 : 1
Ventilbetätigung:	2 x 2 ohc, Vierventiler
Gemischaufber.:	Visteon PTEC Einspritzung

Getriebe:	6 V, 1 R, Transaxial-Getriebe
Karosserie:	Aluminium, Stahl, Verbundstoffe
Chassis:	Aluminium-VH-Monocoque
Fahrwerk vorne:	Einzelradaufh., Schraubenfedern
Fahrwerk hinten:	Einzelradaufh., Schraubenfedern
Bremse:	Scheiben v/h, Servo, ABS, DSC
Radstand:	2600 mm
Maße (L x B x H):	4347 x 1874 x 1298 mm
Bereifung/Felgen:	v: 235/45-, h: 275/40 ZR18, Alu
Leergewicht:	1630 kg
Höchstgeschw.:	282 km/h (ab 07/08: 288 km/h)
Stückzahlen:	noch in Produktion

Aston Martin V8 Vantage N24

Der V8 Vantage N24 basierte zwar auf dem Standard-Vantage, zur Gewichtserleichterung wurde aber rigoros um jedes Gramm gefeilscht: Statt Leder verwendete man Alcantara. Bis auf die Frontscheibe wurden alle Glasflächen gegen Polycarbonat ausgetauscht. Ledersitze wichen Schalensitzen, die Klimaanlage elektrischen Fensterhebern. Airbags wurden ebenso entfernt wie die Zentralverriegelung. Am Ende sparte man gegenüber dem Serien-Vantage über eine Vierteltonne Gewicht ein – trotz Einbau von pneumatischen Wagenhebern, Überrollkäfig, Feuerlöscher und 6-Punkt-Gurten. Wie das Chassis, so wurde auch der Achtzylinder erleichtert und – wie die Auspuffanlage – leistungsoptimiert. Eine Keramik-Rennkupplung und eine leichtere Schwungscheibe kamen hinzu. Auch das Fahrwerk wurde speziell auf den Renneinsatz abgestimmt.

Modell:	V8 Vantage N24
Produktionszeit:	ab 2006
Zylinder:	V8
Bohrung x Hub:	89 x 86 mm
Hubraum:	4282 ccm
PS bei U/min:	410 / 7500
Nm bei U/min:	425 / 5000
Verdichtung:	11,3 : 1
Ventilbetätigung:	2 x 2 ohc, Vierventiler
Gemischaufber.:	Visteon PTEC Einspritzung
Getriebe:	6 V, 1 R, Transaxial-Getriebe
Karosserie:	Aluminium, Stahl, Verbundstoffe
Chassis:	Aluminium-VH-Monocoque
Fahrwerk vorne:	Einzelradaufh., Schraubenfedern
Fahrwerk hinten:	Einzelradaufh., Schraubenfedern
Bremse:	Scheiben v/h, Servo, ABS, DSC
Radstand:	2600 mm
Maße (L x B x H):	4380 x 1865 x 1210 mm
Bereifung/Felgen:	v: 250/650-, h: 280/650-18, Alu
Leergewicht:	1380 kg
Höchstgeschw.:	282 km/h (abgeregelt)
Stückzahlen:	noch in Produktion

Aston Martin V8 Vantage Roadster

Aston Martin hatte sich entschieden, die Bezeichnung »Volante« nur noch bei Viersitzern zu verwenden. Deshalb wurde die offene Version des V8 Vantage bei der Los Angeles Auto Show 2006 als Roadster präsentiert. Das dreilagige und bis maximal 50 km/h elektrisch zu betätigende Verdeck war vollversenkbar. Laut Aston Martin war der Roadster nicht eine um ihr Dach beraubte Variante des Coupés, sondern eine »von Außen nach Innen« parallel ausgeführte Entwicklung. Durch Verstärkung der Bodengruppe und Montage des Verdecks (mit heizbarer Glasscheibe) und seinem Mechanismus erhöhte sich allerdings das Leergewicht gegenüber dem Coupé. Alle weiteren technischen Daten und Fakten waren identisch mit dem Coupé, auch die Wahl zwischen einem 6-Gang-Schaltgetriebe und der »Sportshift«-Automatik-Schaltung, sowie die Leistungssteigerung für das Modelljahr 2009.

Modell:	V8 Vantage Roadster
Produktionszeit:	ab 2006
Zylinder:	V8
Bohrung x Hub:	89 x 86 mm (ab 07/08: 91 x 91 mm)
Hubraum:	4282 ccm (ab 07/08: 4735 ccm)
PS bei U/min:	380 / 7000 (ab 07/08: 420 PS)
Nm bei U/min:	410 / 5000 (ab 07/08: 470 Nm)
Verdichtung:	11,3 : 1
Ventilbetätigung:	2 x 2 ohc, Vierventiler
Gemischaufber.:	Visteon PTEC Einspritzung
Getriebe:	6 V, 1 R, Transaxial-Getriebe
Karosserie:	Aluminium, Stahl, Verbundstoffe
Chassis:	Aluminium-VH-Monocoque
Fahrwerk vorne:	Einzelradaufh., Schraubenfedern
Fahrwerk hinten:	Einzelradaufh., Schraubenfedern
Bremse:	Scheiben v/h, Servo, ABS, DSC
Radstand:	2600 mm
Maße (L x B x H):	4380 x 1865 x 1265 mm
Bereifung/Felgen:	v: 235/45-, h: 275/40 ZR18, Alu
Leergewicht:	1710 kg
Höchstgeschw.:	282 km/h (ab 07/08: 288 km/h)
Stückzahlen:	noch in Produktion

Lagonda 2.6-litre

Nach vielen Jahren Entwicklungszeit, zahlreichen Prototypen, einem Konkurs und der Übernahme durch den David-Brown-Konzern, ging Anfang 1949 der Lagonda 2.6-litre in Produktion. Er galt mit seiner Einzelradaufhängung rundum als moderne Nachkriegskonstruktion. Die Karosserien (viertüriger Saloon und zweitüriges Drophead-Coupé) wurden zunächst bei Lagonda selbst, später dann vermehrt bei Tickford in Newport Pagnell angefertigt. Auch wenn es sehr teuer war (die Karosseriebeplankung ruhte auf einer Trägerkonstruktion aus Eschenholz), Fachpresse und Kunden waren begeistert von dem neuen Modell, dem 1952 der 2.6-litre Mark 2 folgte. Dieser besaß eine leicht geänderte Karosserie im Frontbereich, fest eingebaute Wagenheber und vor den Fahrer gerückte Instrumente. Mit Einführung des Mark 2 wurde die Fertigung des Drophead-Coupé (DHC) gestrichen und noch die viertürige Limousine angeboten.

Modell:	2.6-litre
Produktionszeit:	1947–1953
Zylinder:	Reihen-6
Bohrung x Hub:	78 x 90 mm
Hubraum:	2580 ccm
PS bei U/min:	105 / 5000
Nm bei U/min:	170 / 3100
Verdichtung:	6,5 : 1
Ventilbetätigung:	2 ohc
Gemischaufber.:	2 SU H4 Vergaser
Getriebe:	4 V, 1 R, Synchrongetriebe
Karosserie:	Aluminium auf Eschenholz
Chassis:	Kreuz-Stahlrahmen
Fahrwerk vorne:	Einzelradaufh., Schraubenfedern
Fahrwerk hinten:	Einzelradaufh, Schraubenfedern
Bremse:	Trommeln v/h
Radstand:	2511 mm
Maße (L x B x H):	4780 x 1780 x 1549 mm
Bereifung/Felgen:	6.00 x 17, Stahl
Leergewicht:	1543 kg (Mark 2: 1588 kg)
Höchstgeschw.:	146 km/h
Stückzahlen:	486 (inkl. DHC und Mark 2)

Lagonda 3-litre

Nach dem 2.6-litre folgte der majestätische 3-litre, der in weiten Teilen auf seinem Vorgänger basierte. Eingekleidet wurde der 3-litre ausschließlich bei Tickford in Newport Pagnell. Zunächst waren nur zwei Karosserievarianten erhältlich: Ein zweitüriger Saloon und ein zweitüriges Drophead-Coupé. 1954 fügte man einen viertürigen Saloon hinzu. 1956 gab es als Mark 2 eine überarbeitete Version des 3-litre, die Änderungen am Getriebe und der Endübersetzung beinhaltete. Mit dem Mark 2 verschwand der zweitürige Saloon. Auch das Drophead-Coupé wurde nach fünf Mark-2-Exemplaren aus dem Programm genommen. Für den neuen Aston Martin DB4, der mit Ausnahme des Chassis vollständig in Newport Pagnell gefertigt werden sollte, wurde die Lagonda-Produktion im Februar 1958 endgültig eingestellt.

Modell:	3-litre
Produktionszeit:	1953–1958
Zylinder:	Reihen-6
Bohrung x Hub:	83 x 90 mm
Hubraum:	2922 ccm
PS bei U/min:	140 / 5000
Nm bei U/min:	241 / 3000
Verdichtung:	8,2 : 1
Ventilbetätigung:	2 ohc
Gemischaufber.:	2 SU HV6 Vergaser
Getriebe:	4 V, 1 R, Synchrongetriebe
Karosserie:	Aluminium auf Eschenholz
Chassis:	Kreuz-Stahlrahmen
Fahrwerk vorne:	Einzelradaufh., Schraubenfedern
Fahrwerk hinten:	Einzelradaufh, Schraubenfedern
Bremse:	Trommeln v/h
Radstand:	2900 mm
Maße (L x B x H):	4980 x 1770 x 1575 mm
Bereifung/Felgen:	6.00 x 17, Stahl
Leergewicht:	1588 kg (Mark 2: 1701 kg)
Höchstgeschw.:	167 km/h (Mark 1)
Stückzahlen:	243 (inkl. DHC und Mark 2)

Lagonda Rapide

Lagondas neue Limousine entstand auf ausdrücklichen Wunsch David Browns. Hierfür wurde der Radstand des DB4-Plattformrahmes um 41 cm auf 2,90 Meter verlängert und deutlich verbreitert. Im Bereich der Hinterachse wurde das Chassis zur Aufnahme der De-Dion-Achse vorbereitet, die mehr Raumangebot im Fond ermöglichte. Touring in Italien gab die Linie vor und das britische Design-Studio Metro-Cammell entwarf den endgültigen Look des Rapide. Die »Chinese-Eyes«-Anordnung der Scheinwerfer fanden sich auch bei nachfolgenden Modellen von Rolls-Royce, Bentley und Jensen wieder. Beim Interieur übernahm man zunächst eine nur wenig abgeänderte DB4-Innenausstattung. Doch schon nach zwei Exemplaren wurde diese gegen eine luxuriösere Ausstattung mit viel poliertem Walnuss-Wurzelholz und herausklappbaren Picknicktischen im Fond ersetzt. Eine elektrische Antenne, Leselampen im Fond und elektrische Fensterheber waren serienmäßig, die Lenkung fiel durch eine höhere Übersetzung leichter aus. Ein zweiter Wärmetauscher unter der Hutablage sorgte auch im Fond für Behaglichkeit und beschlagfreie Scheiben. Den Antrieb besorgte der auf 4 Liter aufgebohrte Sechszylinder mit gegenüber dem DB4 geänderten Nockenwellen, der für ein sanfteres Ansprechverhalten zwei Solex-Doppelvergaser montiert bekam. Für die Kraftübertragung war eine Dreigang-Automatik von Borg-Warner Standard. Kunden die es wünschten, konnten aber auch das 4-Gang-Getriebe des DB4 ordern. Auch wenn er trotz seiner beindruckenden Größe überraschend dynamisch und handlich bewegt werden konnte, das größte Handicap des Rapide war seine nahezu unverändert aus dem DBR1-Rennwagen übernommene De-Dion-Hinterachse. Bei Geschwindigkeiten über 100 km/h erzeugte sie bedenkliche Vibrationen, die merk-

würdigerweise erst bei einigen Serienmodellen auftraten. Aston Martin fehlte aber durch die Arbeiten am Sorgenkind DB4 die Zeit für eine grundlegende Modifikation der Achse. Und da sich der Rapide – verglichen mit den Modellen der Mitbewerber – ohnehin als schwer absetzbar erwies, beendete ein enttäuschter David Brown die Produktion 1964 mit der Stornierung von immerhin noch 17 Bestellungen. Außerdem wollte man auf die durch »James Bond 007 – Goldfinger« sprunghaft angestiegene Nachfrage nach dem DB5 mit dem Ausweiten seiner Produktion reagieren. Hier war der Rapide einfach im Weg. Hinzu kam, dass er den DB4/DB5 in seinen Herstellungskosten um das Dreifache übertraf, weil sich jeder Rapide durch spezielle Kundenwünsche von seinen Brüdern unterschied, ohne dass Aston Martin dafür seine Kunden gesondert zur Kasse bat, was zu enormen Verlusten führte. Obwohl sich ein »Mark 2« Rapide mit konventioneller Starrachse und stärkerem Motor bereits in der Erprobungsphase befand, geriet das gesamte Projekt aufs Abstellgleis und wurde bedauerlicherweise auch nicht wieder aufgenommen.

Modell:	Rapide Saloon
Produktionszeit:	1961–1964
Zylinder:	Reihen-6
Bohrung x Hub:	98 x 92 mm
Hubraum:	3995 ccm
PS bei U/min:	236 / 5000
Nm bei U/min:	359 / 4000
Verdichtung:	8,25 : 1
Ventilbetätigung:	2 ohc
Gemischaufber.:	2 Solex 44 PHH Doppelvergaser
Getriebe:	3-Stufen-Automatik
Karosserie:	Aluminium auf Stahlrohrstruktur
Chassis:	Plattformrahmen (Stahl)
Fahrwerk vorne:	Einzelradaufh., Schraubenfedern
Fahrwerk hinten:	De-Dion-Achse, Schraubenfedern
Bremse:	Scheiben v/h, mit Servo
Radstand:	2896 mm
Maße (L x B x H):	4966 x 1765 x 1422 mm
Bereifung/Felgen:	7.10 x 15, Stahl
Leergewicht:	1712 kg
Höchstgeschw.:	201 km/h
Stückzahlen:	55

Aston Martin V8 Lagonda (Series 1)

In Sachen Modellpolitik forcierte Aston Martin nach der Übernahme durch die Company Developments den erneuten Bau des Lagonda, der weiterhin auf dem dafür verlängerten V8-Chassis Radstand basierte. Im Gegensatz zu MP230/1 (siehe Prototypen) erhielt der V8 Lagonda die neu gestaltete Front des AM V8 Saloon und zusätzlich im Kühlereinlass das symbolisch dargestellte Hufeisen – das Kühlerdesign der alten Lagondas. Ein weiteres Lagonda-Merkmal war die serienmäßige Scheinwerferreinigungsanlage mit kleinen Streuscheibenwischern. Sowohl eine Zentralverriegelung, die auch den Kofferraum und die Klappen der Tankeinfüllstutzen bediente, als auch ein Phillips-Cassetten-Radio, das zusätzlich als Diktiergerät genutzt werden konnte, wurden Teil der Serienausstattung. Automatik-Getriebe sowie eine Klimaanlage waren ebenfalls Standard.

Modell:	V8 Lagonda (Series 1)
Produktionszeit:	1974–1976
Zylinder:	V8
Bohrung x Hub:	100 x 85 mm
Hubraum:	5340 ccm
PS bei U/min:	320 / 5000
Nm bei U/min:	485 / 4000
Verdichtung:	9 : 1
Ventilbetätigung:	2 x 2 ohc
Gemischaufber.:	mech. Bosch Einspritzung
Getriebe:	3-Stufen-Automatik
Karosserie:	Aluminium auf Stahlstruktur
Chassis:	Plattformrahmen (Stahl)
Fahrwerk vorne:	Einzelradaufh., Schraubenfedern
Fahrwerk hinten:	De-Dion-Achse, Schraubenfedern
Bremse:	Scheiben v/h, mit Servo
Radstand:	2915 mm
Maße (L x B x H):	4928 x 1830 x 1353 mm
Bereifung/Felgen:	205 VR15, Aluminium
Leergewicht:	2000 kg
Höchstgeschw.:	235 km/h
Stückzahlen:	7
Anmerkung:	2 Ex. mit manueller Schaltung

Aston Martin Lagonda (Series 2)

Besonders aufsehenerregend war, neben der extremen Keilform des Lagonda, dessen LED-Instrumentierung und das Sensor-Feld für die Steuerung der Fahrzeugfunktionen. Vom Wechseln der Gänge bis hin zum Verstellen der Sitze sollte der Kontakt mit der Fingerkuppe ausreichen, um das Gewünschte zu bewirken – so war es zumindest ursprünglich geplant. Als einzige Hauptinstrumente wurden Tachometer und Drehzahlmesser mit Gasplasma-Anzeigen und stilisierten Rundskalen installiert. Der mit Geraden, Ecken und Kanten versehene Innenraum schwelgte in Leder, Wurzelholz und hochflorigem Teppich. Die Vordersitze waren elektrisch justierbar und besaßen erstmals die Möglichkeit, zwei Sitzstellungen fest zu programmieren – beides (leider nicht patentierte) Entwicklungen Aston Martins. Über dem Fond präsentierte sich das »moon roof« genannte Glasdach, welches zwar hochgestellt, aber nicht aufgeschoben werden konnte, um die Funktion des im Dach integrierten Überrollbügels nicht zu beinträchtigen. Durch das Mehr an Licht und räumlicher Weite, wollte man bewusst den Eindruck eines größeren Platzangebots im Fond vermitteln, welches, gemessen an der Fahrzeuglänge von über 5,30 Metern, recht bescheiden ausfiel. Die Stellung der Pedale konnte unter drei Positionen ausgewählt werden, und an der Hinterachse versah eine automatische Niveauregulierung ihren Dienst. Weil man die Motorhaube frei von jeder Art von Ausbuchtung für die Vergaser halten wollte, fielen diese entsprechend klein aus. Zusammen mit einer »milden« Nockenwelle und größeren Ventilen sorgte man für einen der Automatik besser angepassten Drehmomentverlauf des V8. Ein großes Problem war die Abstimmung der Software auf die Hardware des Lagonda, was zu zahlreichen Fehlfunktionen oder Totalausfällen der Elektronik

führte. Auch erwiesen sich die neuartigen Instrumente im Alltagsgebrauch als störungsanfällig. Aufgrund der zahlreichen Überarbeitungen verzögerte sich der Anlauf der Serienproduktion um fast zwei Jahre, in denen die problematischen Sensortasten endgültig ad acta gelegt und ein konventioneller Automatik-Wahlhebel auf der Mittelkonsole montiert wurde. Zudem verschwanden die Gasplasma-Anzeigen der Hauptinstrumente. Tacho und Drehzahlmesser wurden auf digitale LCD-Technik umgerüstet. Erst Ende 1978 ging der Lagonda mit neuer Software und einem darauf abgestimmten Computer endgültig in Serie. 1984 wurde die Bordelektronik um eine Funktion erweitert – ihr wurde »Small-Talk« in vier Sprachen beigebracht: Englisch, Französisch, Deutsch und Arabisch, da der Lagonda in den reichen Ländern des Mittleren Ostens, wohin ca. 30 % der Produktion exportiert wurden, hohes Ansehen genoss.

Modell:	Lagonda (Series 2)
Produktionszeit:	1976–1986
Zylinder:	V8
Bohrung x Hub:	100 x 85 mm
Hubraum:	5340 ccm
PS bei U/min:	280 / 5000
Nm bei U/min:	488 / 3000
Verdichtung:	n/a
Ventilbetätigung:	2 x 2 ohc
Gemischaufber.:	4 Weber 42 DCNF Vergaser
Getriebe:	3-Stufen-Automatik
Karosserie:	Aluminium auf Stahlstruktur
Chassis:	Plattformrahmen (Stahl)
Fahrwerk vorne:	Einzelradaufh., Schraubenfedern
Fahrwerk hinten:	De-Dion-Achse, Schraubenfedern
Bremse:	Scheiben v/h, mit Servo
Radstand:	2916 mm
Maße (L x B x H):	5283 x 1816 x 1302 mm
Bereifung/Felgen:	235 VR15, Aluminium
Leergewicht:	2064 kg
Höchstgeschw.:	225 km/h
Stückzahlen:	462

Aston Martin Lagonda (Series 3)

Modell:	Lagonda (Series 3)
Produktionszeit:	1986–1987
Zylinder:	V8
Bohrung x Hub:	100 x 85 mm
Hubraum:	5340 ccm
PS bei U/min:	305 / 6000
Nm bei U/min:	434 / 4000
Verdichtung:	9,3 : 1
Ventilbetätigung:	2 x 2 ohc
Gemischaufber.:	Weber-Marelli-Einspritzung
Getriebe:	3-Stufen-Automatik
Karosserie:	Aluminium auf Stahlstruktur
Chassis:	Plattformrahmen (Stahl)
Fahrwerk vorne:	Einzelradaufh., Schraubenfedern
Fahrwerk hinten:	De-Dion-Achse, Schraubenfedern
Bremse:	Scheiben v/h, mit Servo
Radstand:	2916 mm
Maße (L x B x H):	5283 x 1816 x 1302 mm
Bereifung/Felgen:	235 VR15, Aluminium
Leergewicht:	2096 kg
Höchstgeschw.:	230 km/h
Stückzahlen:	76

Mit der Präsentation auf der New-York-Motor-Show im Januar 1986 erhielt der Lagonda die Weber-Marelli-Einspritzanlage aus dem V8 Saloon. Für den US-Markt und dessen Abgasbestimmungen wurde er durch eine weitere Senkung der Verdichtung und Änderungen im Programm der elektronischen Einspritzung um 60 PS beraubt. Erneut überarbeitet wurde das Cockpit: Bereits bei den letzten Exemplaren der Series 2 saßen vor dem neuen Zweispeichenlenkrad drei kleine (TV-) Monitore, die alle Funktionen herkömmlicher Instrumente übernahmen. Der Clou: Wichtige Angaben wurden in die Frontscheibe via Head-Up-Display eingespiegelt. Der Innenraum des Lagonda wirkte nach seiner Renovierung insgesamt weniger verspielt. Äußerlich gab es keinerlei Veränderungen gegenüber der vorherigen Serie – alle Unterscheidungsmerkmale fanden sich unter der Aluminium-Karosserie.

Aston Martin Lagonda (Series 4)

1987 wurde scharfkantige Form des Lagonda abgemildert und sanfter gestaltet, ohne die ursprüngliche Form anzutasten. Trotzdem wurden dafür alle äußeren Karosserieteile neu entworfen. Die Klappscheinwerfer wurden durch zwei Halogen-Scheinwerfer-Trios ersetzt. Auf Höhe der Gürtellinie verschwand die Sicke mit ihrer Gummileiste. Unter den Bug wurde ein tiefliegender Spoiler montiert, in dem nun die Nebelscheinwerfer saßen. Auf den Radnaben fanden sich auf 16 Zoll gewachsene Aluminium-Felgen in Lagonda-Optik, während die Tankeinfüllstützen von beiden C-Säulen in die inneren Ecken der Kofferraumhaube wanderten. Die Anzeige der Instrumente wurde auf farbige VFD-Technik (Vaccum Fluorescent Display) umgestellt.

Modell:	Lagonda (Series 4)
Produktionszeit:	1987–1989
Zylinder:	V8
Bohrung x Hub:	100 x 85 mm
Hubraum:	5340 ccm
PS bei U/min:	289 / 6000
Nm bei U/min:	434 / 4000
Verdichtung:	9,5 : 1
Ventilbetätigung:	2 x 2 ohc
Gemischaufber.:	Weber-Marelli-Einspritzung
Getriebe:	3-Stufen-Automatik
Karosserie:	Aluminium auf Stahlstruktur
Chassis:	Plattformrahmen (Stahl)
Fahrwerk vorne:	Einzelradaufh., Schraubenfedern
Fahrwerk hinten:	De-Dion-Achse, Schraubenfedern
Bremse:	Scheiben v/h, mit Servo
Radstand:	2916 mm
Maße (L x B x H):	5283 x 1816 x 1302 mm
Bereifung/Felgen:	255/60 VR16, Aluminium
Leergewicht:	2108 kg
Höchstgeschw.:	230 km/h
Stückzahlen:	98

Aston Martin »Atom«

Seinen kuriosen Namen erhielt der »Atom«, als Robert G. Sutherland, der damalige Besitzer Aston Martins, nach der ersten Fahrt mit dem Prototyp anmerkte, dass in diesem für seine Größe einige Kraft stecke – eben wie in einem Atom. Unter der gestaucht wirkenden Karosserie fanden sich einige Innovationen: Das Chassis wurde in Kastenrahmenbauweise mit einem Rohrgestänge aufgebaut, welches selbst als stabilisierendes Teil der späteren Karosserie diente. Dieses patentierte Rahmenchassis trug damit bereits genauso zukunftsweisende Akzente wie das Fahrwerk mit seiner patentierten Einzelradaufhängung an der Vorderachse. Sie hielt die Räder beim Ein- und Ausfedern im gleichen Winkel zur Straße. Die Weiterentwicklung des »Atom« wurde durch das Kriegsgeschehen (offiziell) eingestellt. Mehr oder weniger heimlich führte man dennoch Erprobungen durch. Am Ende soll der »Atom« über 100.000 Testmeilen absolviert haben, bis man mit ihm einigermaßen zufrieden war.

Modell:	»Atom« (Prototyp)
Produktionszeit:	1939–1946
Zylinder:	Reihen-4
Bohrung x Hub:	82,55 x 92 mm
Hubraum:	1970 ccm
PS bei U/min:	80 / 4760
Nm bei U/min:	n/a
Verdichtung:	6 : 1
Ventilbetätigung:	ohv über Stößelstangen
Gemischaufber.:	2 SU Vergaser
Getriebe:	4 V, 1 R, Cotal-Vorwahlgetriebe
Karosserie:	Aluminium auf Stahlstruktur
Chassis:	Kastenrahmen (Stahl)
Fahrwerk vorne:	Einzelradaufh., Schraubenfedern
Fahrwerk hinten:	Starrachse, Blattfedern
Bremse:	Trommeln v/h
Radstand:	2743 mm
Maße (L x B x H):	4430 x 1540 x 1500 mm
Bereifung/Felgen:	5.75 x 16, Speichen
Leergewicht:	1220 kg
Höchstgeschw.:	169 km/h
Stückzahlen:	1

Aston Martin DP114/2

Schon 1954 begannen die Entwicklungen am Nachfolger des DB2. Viele tausend Testmeilen absolvierte ab 1956 das neue Chassis, um die Stabilität des Kastenrahmens und das Verhalten des Fahrwerks zu überprüfen. Der Wagen besaß eine provisorisch angepasste Karosserie und – ebenfalls zu Testzwecken – den 2,9-Liter-Motor des DB Mark III. Später erhielt der nun DP (»Design Project«) 114/2 genannte Prototyp nicht nur ein weiter überarbeitetes Chassis, sondern auch eine viersitzige Coupé-Karosserie, die von Astons Belegschaft wegen ihrer (damaligen) weiß-blauen Zweitonlackierung den Namen »Wall's Ice-Cream Van« verpasst bekam. Doch »Wall's Eiscreme-Wagen« fand nur Gnade vor dem Aston-Management, was das Chassis betraf. Der wenig mitreißende Karosserieentwurf des hauseigenen Designers wurde rundweg abgelehnt. Damit war DP114/2 nur noch ein Fall für das Archiv. Den Auftrag für die Karosseriegestaltung des DB4 erhielt schließlich Touring in Mailand.

Modell:	DP114/2 – DB4-Prototyp
Produktionszeit:	1956
Zylinder:	Reihen-6
Bohrung x Hub:	83 x 90 mm
Hubraum:	2922 ccm
PS bei U/min:	162 / 5500
Nm bei U/min:	241 / 3000
Verdichtung:	8,16 : 1
Ventilbetätigung:	2 ohc
Gemischaufber.:	2 SU HV6 Vergaser
Getriebe:	4 V, 1 R, Synchrongetriebe
Karosserie:	Aluminium auf Stahlstruktur
Chassis:	Kastenrahmen (Stahl)
Fahrwerk vorne:	Einzelradaufh., Schraubenfedern
Fahrwerk hinten:	De-Dion-Achse, Schraubenfedern
Bremse:	Trommeln v/h
Radstand:	2490 mm
Maße (L x B x H):	n/a
Bereifung/Felgen:	6.00 x 16, Speichen
Leergewicht:	n/a
Höchstgeschw.:	n/a
Stückzahlen:	1

Aston Martin DP216/1

Prototyp für den DB5 war das auf einem DB4 Series 5 basierende »Design Project 216/1« von 1963. Im selben Jahr erhielt Aston Martin eine Anfrage des Filmproduzenten Harry Saltzman, ob er ein Fahrzeug mit spezieller Ausstattung haben könnte. Aston-Besitzer David Brown reagierte recht reserviert, weil ihm dieser geplante Agentenfilm etwas unseriös erschien. Geschäftsführer Steve Heggie konnte ihn aber von dem zu erwartenden Werbeeffekt überzeugen. Brown bestand aber auf die Bezahlung des kompletten Fahrzeugs, inklusive aller Umbaumaßnahmen. Als Träger für die Sonderausstattungen griff man auf den ausrangierten DB5-Prototypen zurück. Nach seiner Modifizierung zum Geheimagenten-Transporter wog das nunmehr silberfarbene DP216/1 rund 135 kg mehr. In »Goldfinger« schrieb DP216/1 (zusammen mit einem Serien-DB5) Filmgeschichte. 1990 wurde DP216/1 seinem US-Besitzer jedoch gestohlen und ist bis heute verschwunden.

Modell:	DP216/1 – DB5-Prototyp
Produktionszeit:	1963
Zylinder:	Reihen-6
Bohrung x Hub:	98 x 92 mm
Hubraum:	3995 ccm
PS bei U/min:	282 / 5500
Nm bei U/min:	380 / 4500
Verdichtung:	8,9 : 1
Ventilbetätigung:	2 ohc
Gemischaufber.:	3 SU HD8 Vergaser
Getriebe:	4 V, 1 R, Synchrongetriebe
Karosserie:	Aluminium auf Stahlrohrstruktur
Chassis:	Plattformrahmen (Stahl)
Fahrwerk vorne:	Einzelradaufh., Schraubenfedern
Fahrwerk hinten:	Starrachse, Schraubenfedern
Bremse:	Scheiben v/h, mit Servo
Radstand:	2490 mm
Maße (L x B x H):	4570 x 1680 x 1320 mm
Bereifung/Felgen:	6.70 x 15, Speichen
Leergewicht:	1466 kg
Höchstgeschw.:	225 km/h
Stückzahlen:	1

Aston Martin MP226

Modell	MP226 – »Touring-DBS«
Produktionszeit:	1966
Zylinder:	Reihen-6
Bohrung x Hub:	98 x 92 mm
Hubraum:	3995 ccm
PS bei U/min:	325 / 5750
Nm bei U/min:	393 / 4500
Verdichtung:	9,4 : 1
Ventilbetätigung:	2 ohc
Gemischaufber.:	3 Weber 45 DCOE9 Vergaser
Getriebe:	5 V, 1 R, Synchrongetriebe
Karosserie:	Aluminium auf Stahlstruktur
Chassis:	Plattformrahmen (Stahl)
Fahrwerk vorne:	Einzelradaufh., Schraubenfedern
Fahrwerk hinten:	De-Dion-Achse, Schraubenfedern
Bremse:	Scheiben v/h, mit Servo
Radstand:	2415 mm
Maße (L x B x H):	4450 x 1680 x 1360 mm
Bereifung/Felgen:	6.70 x 15, Speichen
Leergewicht:	1293 kg
Höchstgeschw.:	257 km/h
Stückzahlen:	2

Der Entwurf Tourings für einen neuen Zweisitzer (»Master Project 226«) fand 1965 bei Aston Martin Gefallen. Für die beiden MP226-Prototypen schickte man zwei fahrbare Chassis mit kurzem Radstand und De-Dion-Hinterachse nach Italien. Im Sommer 1966 kam es bei Aston Martin aber zu schweren Absatzeinbrüchen. Um die Verkäufe wieder anzukurbeln, wollte man bereits für die Motor Shows 1966 über die Prototypen verfügen – ein Jahr früher als zuvor vereinbart. Mangels Zeit wurden beide Fahrzeuge nur »schaufertig« gemacht. Doch auch sonst war MP226, mittlerweile als DBS angekündigt, mit seinen technischen Unzulänglichkeiten fern einer Serienreife und dicht an einer Fehlkonstruktion. Lösungen für die Defizite des Wagens waren aus Kosten- und Zeitgründen nicht mehr zu verwirklichen. Das Projekt wurde aufgegeben. Nur wenig später ging Touring in die Insolvenz.

Aston Martin MP230/1

Im Januar 1970 entstand »Master Project 230/1« mit einem gegenüber dem DBS um 30,5 cm längeren Radstand, erhöhter Dachlinie und vier Türen. Die Motor- und die Kofferraumhaube, die durch eine niedrigere Ladekante weiter nach unten gezogen werden konnte, zierte jeweils ein Lagonda-Emblem. Als Antrieb des neuen Lagonda diente ein Vorserien-V8-Motoren mit 5 Litern Hubraum, an dem die AE-Brico-Einspritzung getestet wurde. Kurioserweise war der Lagonda trotz seines Mehrgewichts und des schwächeren Motors fast so schnell wie der DBS V8. Dies lag am aerodynamisch besseren Strömungsverlauf der längeren Lagonda-Karosserie. Für die Reduzierung der Außengeräusche wurde die neu entwickelte »Cross-over«-Auspuffanlage montiert. Die angespannte Finanzlage Aston Martins verhinderte aber eine Serienfertigung des Lagonda. So blieb es beim Prototypen, den David Brown mit großer Freude als persönliches Dienstfahrzeug nutzte.

Modell:	MP230/1 – »DBS-Lagonda«
Produktionszeit:	1970
Zylinder:	V8
Bohrung x Hub:	97,75 x 83 mm
Hubraum:	4983 ccm
PS bei U/min:	280 / 5300
Nm bei U/min:	n/a
Verdichtung:	9,1 : 1
Ventilbetätigung:	2 x 2 ohc
Gemischaufber.:	elektron. AE-Brico Einspritzung
Getriebe:	3-Stufen-Automatik
Karosserie:	Aluminium auf Stahlstruktur
Chassis:	Plattformrahmen (Stahl)
Fahrwerk vorne:	Einzelradaufh., Schraubenfedern
Fahrwerk hinten:	De-Dion-Achse, Schraubenfedern
Bremse:	Scheiben v/h, mit Servo
Radstand:	2915 mm
Maße (L x B x H):	4885 x 1830 x 1360 mm
Bereifung/Felgen:	205 VR15, Speichen (später Alu.)
Leergewicht:	1990 kg
Höchstgeschw.:	255 km/h
Stückzahlen:	1

Aston Martin DP2034

Ab September 1986 konnten aufmerksame Zeitgenossen in Newport Pagnell einen eigenartigen Lagonda sehen. Er besaß nur zwei Türen und war um einiges kürzer als die Limousine. Tatsächlich war es der als »Lagonda-Coupé« getarnte Technikträger des neuen Virage (»Design Project 2034«, vom Entwicklungsteam »Mule« genannt), dessen Rahmen und Fahrwerk unter dem Lagonda-Blechkleid getestet wurde. Am Ende seiner Entwicklung lehnte sich der Virage-Prototyp technisch stärker an den Serie-2-Lagonda an, als an den V8 Saloon. Zum einen sparte man so Kosten, weil bereits Werkzeuge des Lagonda und Kenntnisse in dessen preiswerteren Herstellung vorhanden waren, zum anderen war der Lagonda das modernere Fahrzeug, auf dem man zukunftsträchtiger aufbauen konnte. Nach Beendigung der Entwicklungsarbeiten wurde DP2034 in einen verkaufsfähigen Zustand gebracht und veräußert.

Modell:	DP2034 – »Virage-Technikträger«
Produktionszeit:	1986
Zylinder:	V8
Bohrung x Hub:	100 x 85 mm
Hubraum:	5340 ccm
PS bei U/min:	330 / 6000
Nm bei U/min:	475 / 3000
Verdichtung:	9,5 : 1
Ventilbetätigung:	2 x 2 ohc, Vierventiler
Gemischaufber.:	Weber-Marelli-Einspritzung
Getriebe:	5 V, 1 R, Synchrongetriebe
Karosserie:	Aluminium auf Stahlstruktur
Chassis:	Plattformrahmen (Stahl)
Fahrwerk vorne:	Einzelradaufh., Schraubenfedern
Fahrwerk hinten:	De-Dion-Achse, Schraubenfedern
Bremse:	Scheiben v/h, mit Servo
Radstand:	2610 mm
Maße (L x B x H):	4432 x 1816 x 1321 mm
Bereifung/Felgen:	255/60 ZR16, Aluminium
Leergewicht:	1920 kg
Höchstgeschw.:	241 km/h
Stückzahlen:	1

Aston Martin Rapide Concept

Da der VH-Rahmen Aston Martins in Länge und Breite variabel war, konnte die Idee des viertürigen »Rapide Concept« sehr schnell entwickelt werden. Wie ein DB9 mit verlängertem Radstand und vier Türen, wurde der Rapide als voll fahrfähige Studie angefertigt. Im Inneren fand eine stärkere Verwendung von Holz statt, da der Komfortcharakter unterstrichen werden sollte. Das Dach aus Polycarbonat vergrößerte durch seine Transparenz optisch den Innenraum. Das Fahrwerk war weitgehend vom DB9 abgeleitet. Anfang 2008 kündigte Aston Martin den Start einer Serienproduktion des Rapide für Ende 2009 bei Magna Steyr in Österreich an, da das Werk in Gaydon keine Kapazitäten mehr frei hat. Irritierend für den Kenner ist die Tatsache, dass der Rapide nicht – wie zuvor alle Viertürer Aston Martins – als Lagonda vermarktet werden soll.

Modell:	Rapide Concept (Studie)
Produktionszeit:	2006
Zylinder:	V12
Bohrung x Hub:	89 x 79,5 mm
Hubraum:	5935 ccm
PS bei U/min:	480 / 6000
Nm bei U/min:	596 / 5000
Verdichtung:	10,3 : 1
Ventilbetätigung:	2 x 2 ohc, Vierventiler
Gemischaufber.:	Visteon PTEC Einspritzung
Getriebe:	6-Gang-Transaxial-Touchtronic
Karosserie:	Aluminium und Verbundstoffe
Chassis:	Aluminium/Karbon-Monocoque
Fahrwerk vorne:	Einzelradaufh., Schraubenfedern
Fahrwerk hinten:	Einzelradaufh., Schraubenfedern
Bremse:	Scheiben v/h, Servo, ABS, DSC
Radstand:	2990 mm
Maße (L x B x H):	4997 x 1905 x 1358 mm
Bereifung/Felgen:	v: 235/40-, h: 275/35 ZR20, Alu
Leergewicht:	1850 kg
Höchstgeschw.:	ca. 299 km/h
Stückzahlen:	1